車好きなら誰でもできる

How to make
an additional ¥1,000,000
in a side business
selling used cars

副業 中古車売買で年収＋《プラス》100万円！

株式会社Bull 代表取締役
保原怜史
Satoshi Hobara

すばる舎

●はじめに……………副業としての「中古車屋さん」

このたびは、私の書籍を手に取っていただき、本当にありがとうございます。

私（……は堅苦しいので以後は「僕」にします）保原怜史《ほばらさとし》は、いわゆる「中古車屋さん」の仕事をしています。新卒で車業界に入り、かれこれ17年が経ちました。

最初は中古車販売の会社員としてスタートし、その後2017年に中古車販売店を立ち上げ、独立しました。独立後は仕事もなく、かなり厳《きび》しい状況が続きましたが、試行錯誤をくり返し、回り道をたくさんした結果、現在は従業員5人で年商1億円を達成することができました。おかげさまで、今も日々楽しく仕事をしています。

そんな僕がなぜ、この書籍を出版しようと思ったのかというと、「中古車ビジネスを**はじめるなら、今でしょ！**」という、強烈な追い風が吹いていることを実感しているからです。

自動車業界にたずさわっている方なら、みなさん気づいていらっしゃることでしょうが、正直なところ、17年間業界にいる僕でさえ今まで一度も経験したことのないような状況になっています。

ひとことで言うと、中古自動車業界は今、

「**前代未聞のバブル状態**」

になっているのです！

「バブル」という言葉は「泡《あわ》」という意味ですから、弾《はじ》けてしまう前提の言い方になってしまいますね。

しかし、この中古自動車業界のバブルには、弾ける要素がまったく見当たりません。これから十数年は続くのではないか、という見立てさえあります。

そして、昨今の副業ブーム！

副業を解禁する企業も増えてきましたし、本屋さんではたくさんの副業に関する本が並んでいます。

その一方で今は、多くの人が「なにを副業にすればいいのだろう？」と悩んで一歩を踏み出せていない状況でもあると思います。

そんな今だからこそ、僕は「副業としての中古車屋さん」をみなさんにオススメしたいと思い、この本を書いたのです。

「なんだか難しそう？」

「リスクがありそう？」

「特別な資格が必要そう？」

いえいえ、そんなことはありません。

たとえば、思い出してみてください。

地方をドライブしているときに、ボロボロになった軽自動車が置いてある中古車屋さんを見かけませんでしたか？

広大な土地に車がズラッと並んでいるだけで、人の気配もなければ、やる気すら感じられなくて、

「この中古車屋さん、本当に売れているの？」

と不思議に思ったことはありませんか？


この本を読んでいただければ、なぜそうした中古車屋さんが潰《つぶ》れないでいられるのか、そのカラクリがわかるようになりますし、

「なんだ、それだったら自分もできそう！」

と思っていただけることでしょう。


みなさんの副業のひとつに、ぜひ加えてほしい「中古車屋さん」ビジネス。

遠回りをしてきた僕だからこそ書けることも、たくさん詰め込みました。

中古車を買ってみたい、売ってみたいという方にも楽しんでいただける内容となっていますし、車が好きな方も、そうではない方にも楽しんでいただけるよう工夫したつもりです。

最後まで読んでいただけたら嬉しいです。

保原怜史

『副業　中古車売買で年収プラス100万円！』●もくじ

第1章　はたして日本の車市場は「オワコン」か？

第3章 在庫ゼロ! リスクゼロ! 先に受注する中古車営業術

第4章 副業から年商1億円を目指すセカンドステップ

第1章

はたして日本の車市場は「オワコン」か？

「車離れ」って本当の話？

車社会で見える、大都市と地方の格差

近頃、多くのメディアでとりあげられている話題が「若者の車離れ」。

みなさんの実感値はどうですか？


たしかに免許取得率は以前に比べて下がってきていますし、免許自体を持っていないという20代、30代にお会いすることも増えました。

しかし、じつは**日本の車文化は衰退していない**というのが僕の見立てです。

「免許がなくても通勤できて、それなりの暮らしができる」というのは、都心部に住んでいる人限定の話です。

たとえば、東京都は地下鉄や私鉄やＪＲなどの鉄道、バスといった公共交通機関が発達しています。

最近は、より身近なところでレンタル自転車や電動キックボードのシェアサービスもはじまりましたし、タクシーは呼ばなくても道路をたくさん走っていて、比較的簡単につかまえられます。

しかし、少し郊外に行けば車は絶対必要で、最寄り駅まで徒歩30分というような住宅地は多々あります。そして、こういったエリアではタクシーは走っていません。

タクシーを呼んでも、到着するまでに時間がかかることもありますし、早朝や深夜は営業していないということも……。

大都市周辺の郊外ですらそうなのですから、もっと地方に行けばまだまだ車社会。

いわゆる「ひとり1台」の世界です。

げんに僕の住んでいる「一都三県」（南関東）のエリアに属する埼玉県でも、エリアによっては車がないと生活ができない場所があります。

総務省の統計によれば、全国でマイカー通勤・マイカー通学をしている割合は、なんと約46％なのだとか。とくに37の道県では、マイカー利用者はなんと50％を超えているそうです。

つまり、まだまだ地方には車がなければ生活や仕事ができないエリアが多々存在するということ。

子育てや介護などにも車は必須で、「生活必需品」というケースが大半なのです。

結論としては、**日本全体でみれば「車離れ」は進んでいない**ということですね。

では、日本人はどのくらい車を所有しているのでしょうか。

より具体的に聞きましょう。日本人の車所有率は「何人に1台」の割合でしょう？

あえて「持たざる者」になる若年層

たしかに、最近は「車を購入する」以外の選択肢も増えました。

たとえば、レンタカーやカーシェア。カーリースや月額制のサブスク。個人間で取引ができる借りたい人・貸したい人のマッチングアプリもあります。

また、「車を所有するのと、タクシーを使うのとでは、どちらが賢いのか？」といった情報もいろいろと発信されていますし、タクシー配車アプリもたくさんの種類が出ていますね。

前述のとおり、都心部に在住の若い年齢層の方であれば、「免許を持っていない」という人も増えていますし、公共機関が便利に発達している地域では「ひと家族に1台」という印象がありますよね？

これだけほかの代替手段があるのだから、「4〜5人に1台くらいかなあ」とお思いの方もいらっしゃるのではないでしょうか。

しかし答えは、なんと「1.6人に1台」の割合。

こんなにも高い割合で、車を所有しているのです！

先ほど挙げたような、レンタカーやカーシェアなどのサービスの認知度も高まってきたこの令和の時代においても、「1.6人に1台持っている」ってすごくないですか？

さらにびっくりなのは、日本で車を持つ人は平均で「7年に1度」買い替えしています。車はそれなりのお値段がしますし、新車であれば大学や専門学校に通えてしまうような金額です。そして、維持費もそれなりにかかります。

にもかかわらず、冷蔵庫やエアコンより買い替え頻度が高いのです（冷蔵庫やエアコンは約10年と言われています）。

どれだけ車のニーズがあるのか、おわかりいただけたでしょうか。

また、自動車屋さんや車関係の会社は、みなさんの住んでいる街にも、いたるところに存在するでしょう。

こういった車にまつわる企業の数を足すと、その数は某有名ハンバーガーチェーンよりも多いのです。

たとえば、日本を代表する自動車メーカーのトヨタ。

その系列店だけでも、なんと全国に5000店以上です！　そのほかにもメーカーや工場はたくさんありますし、家族経営の整備工場や小さな中古車屋さんまでも含めたら、本当に数え切れないほど存在しています。

謎の中古車屋さん、そのタネ明かし

それを感じていただけるのは、都心部から少し離れた郊外の「中古車屋さん」ではないでしょうか。

郊外の幹線道路で車をちょっと走らせれば、あちこちに自動車屋さんを目にすることでしょう。

ピカピカの新車を販売する各種ディーラーから、中古車がズラッと並んでいる中古車屋さんまで、「いったい、誰が買うのだろう？」という感じのプレハブ小屋のような事務所で営業していたり、「本当にお客様が来ているのだろうか？」と疑ってしまうような、ホコリだらけの車がひたすら並んでいたりする中古車屋さんもあります。

よく考えてみてほしいのですが、車以外で、ああいった「営業しているかどうかアヤシイお店」が多い業界がほかにあるでしょうか？

人の気配がないお店、ホコリだらけの商品が外に無造作に置かれた店舗……。

ふつうは廃墟だと思ってその場を去りたくなってしまいそうですが、いえいえ、ちゃんと営業しているのです。

こうした数多くの企業が存在する理由。

そして、失礼ながら「アレでも」やっていけている理由。

それはもちろん、**車のニーズが絶大だから**にほかなりません。

尽《つ》きないニーズがあればこそ、正直なところたいした営業努力をしなくても、生活に必要なお金は稼《かせ》ぐことができるのです。

つまり、消費者にとっても、販売サイドにとっても、「車」という商品はまだまだオワコンではありません。

まとめ・その①

令和の今でも、日本は紛《まぎ》れもない「自動車大国」。

〈新車〉を買う人、〈中古車〉を買う人

すぐ欲しいのに…

さて、突然ですが質問です。

みなさんは「車が欲しい」と思ったときに〈新車〉を買いますか。それとも〈中古車〉を買いますか?

そして、世の中では〈新車〉と〈中古車〉、どちらを買う人が多いと思いますか。

答えをお伝えします。

じつは**〈新車〉を買うのは、半分程度の方々**です!

しかもこれは、全体での比率。年収400万円未満の場合では、**〈新車〉を買うのはたった2割の方々**なのです。

ふだんから〈新車〉を買う方は、この時点で驚かれるのではないでしょうか。

ではなぜ、そんなにも〈中古車〉が売れるのでしょう。

「旧車が好きだから」

「欲しい車がすでに生産終了しているから」

などと理由は人それぞれ、それこそ無数にあるでしょうが、やはり圧倒的に大きな理由は、納車のタイミングと価格です。


〈新車〉の場合、**納車までは数か月から半年ほど**かかります。

とくに最近は、後述する半導体不足によって納車のタイミングが長くなっています。

つまり「すぐに必要」という場合は〈中古車〉に頼らざるをえないのが現状です。

コスパ重視の時代だからこそ

また、30年以上にわたる長い不景気の影響も大きいと言えるでしょう。

2022年度の家計調査では、公的年金や健康保険、介護保険などの負担がますます増えているというデータが出ました。

メディアでは「保険料・税負担、20年で1.4倍」と報じていますが、収入はさほど上がっていないのに、税金や社会保険料は大きく増えています。

つまり、実質の手取り額は大きく下がっているということです。

さらに、最近は電気代や食費など、物価もどんどん上がっています。

不動産価格も年々上昇しており、夫婦共働きでローンを組み、家を購入するという方も増えています。

このご時世、自分たちの両親世代には当たり前だった、「新築マイホームに新車で新生活」といった生活レベルを維持できる方は、そう多くはないでしょう。

金融資産のデータからも、この厳《きび》しい経済状況がうかがえます。

たとえば、20歳代の単身世帯における貯金額は、中央値でわずか5万円ほどです（金融広報中央委員会「家計の金融行動に関する世論調査」令和元年、単身世帯調査より）。

これでは新車を買うモチベーションがなくなるのもうなずけます。

そして車を所有すれば、ランニングコストもかかります。

たとえば、燃料費や保険、車検やメンテナンス費用で月平均3万円以上の維持費用がかかります。雪が降る地域では冬用タイヤも必要で、タイヤの交換にも費用が発生します。

都市部であれば「家族で1台」所有すれば事足りるかもしれません。しかし、地方ではまだまだ「ひとり1台」必要な場合も多く、所有する台数が増えれば増えるほどにランニングコストがかかってしまいます。

こうした状況では、「車両そのものを安く抑《おさ》えたい」と思う人が増えてくるのも、うなずけるのではないでしょうか。

最近は「コストパフォーマンス」略して「コスパ」という言葉が日々当たり前に聞かれるようになりました。

若者たちのあいだでは「ミニマリスト」をこころざす方も増えてきて、「中古品でコスパ良く買い物をする」ことが「賢い」という雰囲気になっています。

中古市場、空前の活況の背景

さらに、バブル崩壊後の生まれである20代～10代の「Z《ゼット》世代」と言われる若者たち。

彼ら・彼女たちの金銭感覚や消費行動は、とても堅実だと言われています。義務教育で環境問題もしっかり学んでいるので、古着や中古品のアイテムを身につけることを厭《いと》わず、化粧品なども中古で購入するそうです。

また、「所有」にすらこだわらず、「レンタル」や「シェア」を中心としたライフスタイルも当たり前になってきています。

そうしたニーズにともなってでしょうか、お洒落《しゃれ》でスタイリッシュな見せ方をする中古品チェーン店も増えてきました。

実際、ひと昔前であれば「中古品を扱うお店」はどこかノスタルジックだったり、アンティークなお店だったりしたものです。

しかし最近では、一見すると「中古品」を扱っているようには見えないスタイリッシュな雰囲気の店舗も増えてきましたし、シンプルでお洒落な見せ方をしているお店も多くなりました。

中古車屋さんも、もちろん、どんどんスタイリッシュになっています。私が業界にい

る17年でこんなにも変化したのですから、これから先の未来は、

「中古車をコスパ良く買うことが賢くてカッコイイ」

「環境に優しい中古品を買うことがサステナブルでカッコイイ」

という時代に変化していくかもしれません。


中古車は、今現在でも**年間300万台以上**も販売されています。

しかも前述したとおり、車は「7年に1度くらい買い替える」わけです。

こんなにニーズの強い市場が、ほかにあるでしょうか？

まとめ・その②

世界から、そして時代からも必要とされる日本の中古車。

ニーズがあれば商売は簡単！

空前の副業ブームが到来

最近はインターネットやＳＮＳの急速な拡大により、副業ブームが起きています。

とくに、不要なモノを手軽に売れる「フリーマーケットアプリ」を使うことで、誰でも簡単に個人間取引ができるようになりました。

代表例としてはメルカリやヤフーオークション、楽天フリマなど。

自分がハンドメイドでつくったものを販売するとか、親が不要になったモノを子どもがアプリを介して売る、というのもよく耳にしますね。

家で採れた野菜や葉っぱを売っている人なども存在しますが、それほど老若男女、誰もが簡単に取引できる時代になりました。

この動きに乗じて、個人が商品を安く仕入れて高く販売する、いわゆる「せどり」も一般的になりました。動画サイトで「せどり」と調べれば、たくさんの有料級の情報が提供されています。書店に行けばズラッと解説本が並んでおり、手軽にはじめられる副業として人気となっています。

この商売、以前はおもに「古物商」や「骨董品商」と呼ばれる人だけがおこなっていたことですが、インターネットやスマートフォンの普及により、今や特別なスキルや資格がなくても、誰でも簡単に取り組めるようになりました。

「せどり」において人気なジャンルは、手に入れやすく、かつ需要があるカテゴリーです。

たとえば、本やコミック、おもちゃやゲーム、楽器や美容用品など。手軽にはじめられるのが大事ということですね。しかし、その手軽さゆえに、市場は飽和《ほうわ》状態となり、差別化することも難しくなっています。

たとえば、ひとつの商品を売って500円くらいの利益があったとしましょう。そうすると、月10万円を稼《かせ》ぐには200個を販売しなければなりません。

月に200回ほど取引をするとなると、なかなかに時間も労力もかかりそうですよね。

そこで、僕が提案するのが「中古車せどりビジネス」です。

中古車を安く買って、高く売る。これだけです。

一見、難しそうに聞こえますよね?　車という商材は単価も高いので、「大きなリスクがあるのでは?」と思ってしまい、二の足を踏む方も多いでしょう。

しかし、それこそがこの「中古車せどりビジネス」の良いところなのです!

広がるブルー・オーシャン

先ほど見てきたように、車のニーズは、それこそ山ほどあります。

ご自身の親戚、友人、会社の同僚などを考えてみたときに、「誰も持っていない」というケースはほとんどないでしょう。

彼らはこの先、いつかは必ず買い替えます。統計で言えば、その50%が中古車を検討し購入するわけなので、つまり、**お客様には絶対に困らないのが「車」という商材**なのです。

しかし、この業界を知らない人は勝手に心理的なハードルを高くしてしまいます。

事実、**中古車の個人間取引は全体の６％**にすぎません。

つまり、**参入者がほとんどいない**のです！


商売の基本として、「消費者のニーズ」があれば商売は簡単です。

つねに誰かが買いたいと思っているので、広告宣伝に費用をかけなくてもお客様が見つかりますし、交友関係が広ければ、誰かしらは買い替えのタイミングがきているはずです。

もちろん、「商売を長く続けて、大きく拡大していこう！」と思えば、広告宣伝や積極的な営業活動も大事になってきます。しかし、今回ご提案するのは、本書のタイトルにもあるとおり、「（1か月10時間程度で）副収入を**年間１００万円以上**稼《かせ》ぐ」ためのハウツー。

ニーズがあるからこそ、ガツガツ営業する必要がないのです。

そして僕が提案する方法であれば、ほとんどランニングコストもかかりません。

「最低限○○台は売らないと赤字になってしまう！」というノルマやプレッシャーに

押しつぶされることもありません。

体験者は語る式に言えば、「赤字になる」というのは、なかなかメンタルにくることなので（苦笑）、そうしたストレスからも解放されます。

この「中古車せどりビジネス」であれば、**好きなときに自分の好きなペースでできる**のです。

では次に、「中古車がなぜ高く売れるのか？」と、「なぜ商売としてオススメできるのか？」について、もっと具体的にお伝えしていきます。

まとめ・その③

低コストなうえに、ストレス・フリー。

中古車が価格上昇している理由とは？

「タダ同然」は過去の話

僕はこの「中古車業界」で17年の経験を積んできました。新卒社会人の頃からずっとこの業界にいる計算です。

しかし、この17年のなかで**今が最も激動の時代である**と感じています。

車を売ったことがある方ならおわかりになるかもしれませんが、以前は10年以上乗った愛車を査定に出せば、

「残念ですが、これではほとんど価値がありません」

と、タダ同然の査定額を提示されることもよくありました。

車を売るほうも、

「廃車にするとお金がかかるから、引き取ってもらえるなら、ありがたい」と思い、シブシブその金額で納得することが多かったのではないでしょうか。

しかし今、そんなエピソードはまるで「昔話」のようになっています。

新型コロナウイルスの影響やロシアのウクライナ侵攻などをきっかけに、中古車市場は大きく変動したのです。

現在、中古車の取引価格は、**1台あたり平均20万円も上昇**しています。古いボロボロの車でも引き取ってもらえますし、その金額は過去20年間でいちばんの高値圏にあります。

さらに、特定の車種によっては、なんと新車よりも高い中古車が出てきているほど！

「産業のコメ」半導体や鉄の不足

では、なぜ、このような状況になっているのでしょうか？

最も大きい理由は、**半導体の不足**です。

現在の自動車業界では、電気自動車や自動運転化へのシフトが急速に進行中です。こうした先進的な技術を導入するには、旧来のエンジン車に比べて大量の半導体を搭載しなければなりません。よって、求められる半導体の量に対し、生産が追いついていないのが現状です。

半導体がなければ、新しく車をつくることが困難になります。

そのため、新車をオーダーしても「納車されるのは6か月も先」などという状況が起きています。納車までに6か月も待つのであれば、すぐに乗れる中古車の需要が拡大するのは想像にかたくないでしょう。

さらには**鉄の価格も高騰中**で、これが中古車の価格を押しあげる要因となっています。ご存じのように、車は大量の鉄を使って製造されています。よって、鉄の価格が上昇すれば、そのぶん車自体の価値も上がるのです。

鉄として使うのであれば、ボロボロの車でも問題ありません。

このような事情から、中古車市場はまさにバブルのように、高値で取引されているのが現状なのです。

これから先の未来を考えた場合、電気自動車の普及や自動運転化はますます拡大していく流れでしょう。

半導体の供給状況はしだいに回復しているともされますが、構造的な品薄状態はこれからも続くはずです。

つまり、この中古車高騰は短期的なものではなく、今後も長く続いていく可能性が高いということです。

まとめ・その④

オンボロ車でも取引される日本の中古。

日本の中古車は海外でも大人気

世界に冠たる日本の車検

日本は世界でも有数の自動車生産国。日本の中古車は日本国内だけではなく、海外でもひじょうに高い人気があり、年間約１５０万台の中古車が海外に輸出されています。

外国を訪れて、
「なんで、こんなに日本車が走っているのだろう？」
と不思議に思った方もいらっしゃるでしょう。

日本製の車はその高い品質がとても評価されています。耐久性の高さから、壊れにくく長持ちし、燃費も良く、**圧倒的な信頼性**があります。

この「メイド・イン・ジャパン」のブランドは、車の世界においてはいまなお色褪《あ》せることがないのです。

日本の厳格な車検制度（※）のおかげもあり、**中古車でも品質のレベルがとても高い**というのも人気の要因です。

日本ではご存じのとおり**2年に1回の車検**があります。

このような短い間隔で車検を通すのは、世界でも10か国くらいのものなのです。海外では車検という制度自体がない国も多々存在します。

※**車検制度**……正式名称「自動車検査登録制度」。小型特殊自動車以外の自動車や、排気量250cc超の自動二輪車（バイク）に対し、安全上の基準に照らし合わせて一定期間ごとにおこなわれる検査およびそれを義務づけた制度のこと。略して「車検」と呼ばれる。国土交通省が管轄する。本文の「2年に1回」は中古車の場合で、新車の場合は最初の車検は3年後。車検に通ると「自動車検査証」（いわゆる車検証）とともに、車検の有効期限を示す「検査標章」（いわゆる車検シール）が交付される。後者をフロントガラスに貼ることが義務づけられている。

海外ではメンテナンスさえしっかり続ければ、1台の車がおじいちゃんからお孫さんまで何世代にも愛されて乗られるということもあります。

そのような「世代を超えて良いものを長く愛用する」習慣においては、壊れにくく燃費も良く、修理交換の部品も取り寄せやすい日本の中古車は、まさにぴったりのアイテムなのです。

また、日本の消費者は走行距離が10万キロを超えるような中古車を買うことは稀《まれ》でしょう。

しかし、たとえばアメリカでは、10万キロはもちろん、20万キロを走った車であっても〝堂々と〟販売されています。

それらと比較すれば、日本の中古車は高品質で低価格。

人気が出るのもうなずけます。

それに加えて、日本では人口が減少していくなかで、海外全体ではどんどん人口が増えています。２０１０年に70億人を突破したかと思えば、**２０２２年には80億人を突破**しました。

日本ブランドは世界で健在

こうした状況のなかで、経済の発展とともに車の需要はますます増加しています。

高品質な日本の中古車の需要は、まだまだ増えていくと考えられますし、それにともなって**中古車価格も大幅に下落するという未来は考えにくい**でしょう。

このように、日本だけでなく世界中でもニーズのある日本の中古車。

そのニーズの強さをたっぷり語ってきましたが、伝わりましたでしょうか?

では次に、「実際にはどうやって中古車せどりビジネスをはじめればいいの?」という話に入っていきたいと思います。

まとめ・その⑤

世界人口増で、日本の中古車のニーズも増大中。

中古車せどりの事前準備

安心してください、簡単ですよ！

商売の基本は、なにごともそうですが、流れはシンプル。

「安く仕入れて、高く売る」

これだけです。

しかし多くの人は、こんな疑問が浮かぶのではないでしょうか。

「特別な資格が必要なのでは？」

「広い土地が必要なのでは？」

安心してください、両方とも必要ありません。車1台分の駐車場と、誰でも取得可能な「許可」をとれば、簡単にはじめることができるのです。

では、具体的になにを準備したらいいのかを4つのポイントでお伝えしましょう。

ポイント① 古物商の届出を出し、許可を得る

はじめに、「古物商」という届出申請を出しましょう。中古品を仕入れて転売するビジネスのことを「古物商」と言いますが、そうした仕事をする人たちはこの届出が必要です。

取得方法はびっくりするほど簡単!

最寄りの警察署に必要書類を提出し、40日待てば出来上がりです。

その費用は約2万円。申請書類は、各最寄りの警察署ホームページに載っています(インターネットで画像検索すれば、主要な都市圏の公安委員会あての記入例を参照できるでしょう)。難しそうな書類はないので安心してくださいね。テスト勉強も不要です(笑)。

ポイント② 仕事道具をそろえる

次に必要なものは、パソコンやタブレット端末です。インターネットで欲しい車を探

しながら、いつでも商談ができるようにしたいので、持ち歩きができるものが便利です。私もつねにパソコンやタブレットを持ち歩き、ふとした会話から車両の画像をお客様にお見せします。

かしこまった商談なしに、「そのまま即購入！」といったことも多々あります。

ポイント③ 駐車場を準備する

そして、駐車場も必要です。これは「車庫証明書」を取得するために必要なもの。車庫証明書とは、「私は車を買うための車庫を持っています！」という証明書です。

国からすると、「車を購入するなら、停める場所を確保して、車庫証明をとってから車を買ってくださいね」という意味になります。

もしこの制度がなかったら、みんなが車を好き勝手に購入し、勝手にそこらじゅうの公道に止めてしまうかもしれません。すると道路が大混雑して、大変なことになってしまいますね。

よって、車の売買の際には、ひじょうに重要な証明書になります。

しかし、この車庫証明書には地域格差が存在します。「広大な土地で駐車スペースもいっぱいあるから、車庫証明は不要だよ！」という地域が存在するのです。

また、普通車には車庫証明が必須ですが、「軽自動車であれば車庫証明は不要！」という地域もあります（日本においては、軽自動車より普通車のほうがなにごとも厳《きび》しい、と思ってください）。ちなみに僕の住む埼玉県でも、車庫証明書の届出不要な地域が5箇所（秩《ち》父《ぶ》・飯能《はんのう》の両市の一部地域と、秩父・児玉《こだま》の両郡の一部地域）あります。

みなさんの住んでいる地域で必要なのかどうかは、自治体のホームページや各種検索サイトでぜひ調べてみてください。

ポイント④ 仕入れ金・準備金

車両を仕入れるためのお金です。

中古車屋さんというと、広い土地に中古車を並べて、お客様が選んで買っていくスタイルを想像することでしょう。

しかし、僕のオススメするスタイルは、

「先に注文を取って、あとから仕入れをする」

という方法です。

これなら在庫を持つ必要がありませんし、確実に売上が見込めます。


また、この方法であれば、何十万円とする車の仕入れも恐れることはありません。

具体的な金額で言うと、200万円~300万円あれば、たいていの車は対応ができます。

ただ、お客様から手付金などを先にいただければ、100万円だったとしてもビジネスは可能です。


以上の4つがそろったら、いよいよ中古車せどりビジネスがスタートできます。

思ったよりもシンプルではないですか?

特別な資格は不要ですし、勉強すら必要ありません。誰でもできてしまうのが、この「中古車せどり」の魅力なのです。

とはいえ、「本当に成功するのかな」という不安はありますよね。
次は「ぶっちゃけ、どのくらい儲《もう》かるの?」というお話をしていきます。

まとめ・その⑥

元手がないなら「ないなりに」できる。

中古車屋さんって正直なとこ、どのくらい儲けがあるの？

その利益率は？

中古車屋さんはどれくらいの利益率で車両を販売しているのでしょうか？

結論から言いますと、中古車屋さんは車両販売価格に対して〈20％程度〉を利益としている会社が多いのですが、

「**中古車せどりでは〈10％程度〉を目安にしよう**」

ということを僕はオススメしています。

くわしく、その根拠や考え方をお伝えしていきます。

中古車販売での利益率は、車両の種類や販売価格で大きく変わります。たとえば、次

の2種類を扱う場合、これらに乗せる利益は異なります。

Ⓐ——10年落ちの**国産の軽自動車**
Ⓑ——10年落ちの**外国車**

双方ともに車両の希少性やブランドは関係ないものと仮定しましょう。

このⒶとⒷを比べると、購入後に壊れたり、アフターメンテナンスが必要になったりするのはどちらでしょうか? また、修理の際に部品を取り寄せやすいのは、どちらでしょうか?

みなさんお察しのとおり、Ⓐの国産軽自動車のほうが壊れにくく、修理もやりやすくなります。海外で日本車が人気であることのおもな理由も、その壊れにくさや修理のしやすさでした。この面では、外国車よりも国産車はそれほどまでに性能が高いのです。

ということは、「購入後に、フォローするリスクが低い」ということ。

また、Ⓐに比べてⒷの外国車は「購入後に、フォローするリスクが高い」ということになります。フォローには時間や人件費が必要ですから、そのリスクの分の金額も考慮して価格を決めることになります。

つまりは、「よりリスクをとらなければならない車には、リスク分の金額を多く乗せる」という考え方になります。

実際に、同業者に話を聞いてみると、大半の方々が「販売価格の20％が利益になるように計算している」と言います。

販売価格が１００万円の車なら、20万円ほどを最低の利益として考えているということですね（そして、ここがポイントです）。

差別化ポイントは価格

こういった話を聞いてしまうと、自分も20％を目安にしてしまいがちですよね。

しかし、冷静に考えてみましょう。

一般の方が、中古車販売店やディーラーではなく「個人から購入するメリット」はなんでしょうか？

それはもちろん、「安さ」です。

ふつうのルートから購入する金額と大差がないのであれば、あなたから購入するメリットは大幅に減少します。よって、やはり利益は「車両販売価格に対して10％程度が目安」。そうすることで、購入されるお客様にも価格的なメリットを提供でき、他社との大きな差別化ができるでしょう。

そして、なによりも、あくまで「副業」だということがポイントです。

副業だからこそ、大きく儲ける必要がありません。

それこそが大きな武器になるのです。

利回りで勝負できる

10％でも、１００万円の車両を販売し、10万円の利益がとれたら「利回り10％」です。

最近では資産運用などで利回り１％～２％前後で運用する商品もあったりします。長い年月をかければ資産になりますが、現物商品で確実かつ身近なものは、なかなかないのではないでしょうか。

銀行金利がようやく上昇しはじめたとはいえ、１００万円を1年預けて数百円からいっても２０００円ほどの利益を得るより、はるかに効果的ですね。

なお、近年では中古車自体が高くなっており、「仕入れ金額」も「売値」もどんどん高くなっています。

たとえば、2024年の中古車の平均相場は、以前のそれと比べて、依然として高止まりしています。その理由は、新型コロナウイルスの影響や、戦争による物資の減少などです。

仕入れの金額は、こうしたさまざまな世界情勢・経済状況にも影響されます。現在の市場動向と、だいたいの相場をおさえておくことも大事になってきます。

さて、ここまでは「中古車せどりビジネス」の〝準備編〟として、車のニーズの高さや、現在のおおよその市況、なにを準備したらよいのかなどをお伝えしてきました。次の章では、より具体的な方法に入っていきます。

まとめ・その⑦

「副業だから…」が、むしろ強みになる。

第2章

車好きなら誰でもできる、経験ゼロからの自動車仕入れ術

お客様視点でシミュレーション！①
～中古車を買ってみよう～

「欲しい！」から「納車」まで

この章では、具体的な「やり方」「ハウツー」についてお伝えしていきます。と、その前に、まずは車を売買する「お客様側」の視点に立って、中古車を買う流れを確認していきましょう。


「何度も経験したことがあるよ～」という方は読み飛ばしていただいて大丈夫。ですが、

「自分の買い方・売り方は一般的なのかな？」

「マイナーだったりしないかな？」

こういったことを確認したい方はぜひ、ご一読ください。

まずはお客様視点で「中古車を買う」という状況をシミュレーションしてみましょう。
大きく分けて8つのステップに分けられます。

①欲しい車を探す
②見積もりを依頼
③申し込み
④必要書類を集める
⑤契約
⑥保険の手続き
⑦お支払い
⑧納車

まずは欲しい車を探すところからのスタートです。みなさんが「車が欲しい」となった場合は、どうするでしょうか。

インターネットで販売店を検索？　それとも、

ディーラーに直接問い合わせ？

このような行動をとる方は、「スズキの〈ジムニー〉のブラックパールが欲しい！」といったぐあいに、明確に欲しい車があって購入するタイプの方です。

しかし、じつはそのような買い方は、よっぽど車好きの方がおこなう――レアな買い方と言って差し支えないでしょう。

僕のこの本を読んでくださる方は、おそらく車好きの方でしょう。

車好きの方は「これが欲しい！」もしくは「これに似たものが欲しい」と明確かつ具体的なオーダーをします。

お客様の実現したいコトに寄り添う

しかし車を買う多くの人は「なんとなく必要で」とか「そろそろ新しく買い替えたい」といった、**ざっくりとしたニーズで**お店にやってきます。

これは家とも似ているかもしれません。

「S社のXXシリーズの耐震基準が高い家が欲しい！」

「T社のそよ風シリーズの家に住みたい！」

という明確なニーズがある方は少数派（僕も家に関しては同様です）。多くの人は、商品そのものではなく、それを**手に入れた後の「ライフスタイル」や「感情」が欲しい**のです。


家であれば、「家族みんなで楽しく快適に住めるライフスタイルが欲しい」わけであって、会社や商品のシリーズこだわる人はそう多くはないでしょう。


車もそれと同じです。

「通勤を快適にしたい」とか、

「今よりも広い車にすることで、家族みんなでキャンプやアウトドアに行きたい」

「燃費が良いものにして、ランニングコストを節約したい」

などの、欲しい「ライフスタイル」や「感情」があって、それらの夢が叶《かな》う商品を探していくという流れなのです。

とくに僕たち中古車を扱うお店にお問い合わせくださるお客様は、
「中古車のことはあまりよくわからないけれど、コストパフォーマンスが良さそう」
「新車より安く買えるから」
といったイメージで、なんとなくざっくり「車が必要だと思っている」というケースが多いです。

よって、抽象的なお話から進んでいくことが多々……。そのトーク事例を見ていきましょう。

〈よくあるトーク事例〉

店　員「いらっしゃいませ！　なにかお探しですか？」
お客様「車を買おうかと思っていまして……」
店　員「どんな車をお探しですか？」
お客様「あまりくわしくないので……燃費が良くて、予算があえばいいかな、と思っているのですが……」
店　員「どういった用途でお使いになりますか？」

お客様「子どもが小学生になるので、家族で出かけるときのために、ちょっと大きめの車がいいかな、と思っています」
店　員「おもに、お休みの日に乗るイメージですか？」
お客様「土日に乗りますね。平日は仕事があるので、あまり乗らないと思います」
店　員「通勤では車を使われないのですね。ご予算はおいくらくらいを考えていらっしゃいますか？」
お客様「100万円以内でおさまるようにはしたいな、と思っています」
店　員「お子さんはおいくつですか？　お子さんのご年齢によっては、スライドドアのタイプが人気です。たとえば、このような車種ですね……」

このようにしてやりとりがなされ、商談が進んでいきます（もちろん実際にはここまでスムーズではありませんよ！　笑）。

そして、お客様の欲しい車が見つかって、お店に在庫があれば、それを購入となります。

在庫がない場合は、それをオーダーして車屋さんに取り寄せてもらうこともできますが、他店舗で販売しているのがわかればそちらに出向くというケースが多いかなと思います。

次は、お店に〈見積もり〉を作成してもらいます。車は本体価格だけではなく、法定費用や手数料も必要です。欲しい車が見つかったなら、必ずこの〈見積もり書〉をお店側に依頼してくださいね。

続いて、〈契約に必要な書類〉を準備していきます。このあたりは、それなりの中古車販売店であればきちんとサポートをしてくれるので、その案内に沿って進めましょう。

購入の際に必要な書類はこちらです。

普通自動車の場合（■は店舗側が用意します）

□実印
□印鑑登録証明書
□車庫証明書（※地域によっては不要な場合も）
■委任状

軽自動車の場合

□住民票の写し

地域により書類のちがいがあります。また、軽自動車よりも普通自動車のほうが、買う時点で必要なものが多いです。

普通車の場合は「実印」「印鑑登録証明書」が必要ですが、若い方や女性の場合、まだ印鑑登録をしたことがないという方も多々。そういった場合は印鑑を準備していただくところからはじまります。また「車庫証明書」とは前述したとおり、国の書類です。「私は車を買うための車庫を持っています！」という証明書で、車を買うために必要です（前述のとおり一部不要な地域もあります）。

なお、軽自動車であれば印鑑登録も必要なく、認印《みとめいん》でＯＫ。一部地域では認印も不要の場合があります。住民票の写しも今ならコンビニエンスストアでも取得可能な地域も多いので便利です。

こうした必要書類をそろえたら、次に〈支払い方法〉を決めましょう。

多くの方は〈現金一括払い〉か、〈ローン〉の2択。ローンの場合は、銀行で組む方もいらっしゃいますが、銀行は審査が厳《きび》しめです。よって中古車販売店の提携ローンを選択する方が圧倒的に多いです。ローンの審査も必要書類があるので、その準備をし、ローン審査が通れば、契約書のサインに進みます。

クレジットカードが使えるお店であれば、決められている金額までクレジットカードを使用する場合もあります。

「自賠責」と「任意保険」

契約書締結後は、〈保険の契約〉へと進みます。

保険は大きく2通り。

まずは必ず入らなければならない「自賠責保険」。これは国のルールで強制的に加入しなければいけません。この手続きからはじめましょう。

ちなみに、この「自賠責保険」は最低限の補償しかありません。

より手厚い補償を希望する場合は「任意保険」の手続きも必要です。民間企業が扱っているサービスで、ＣＭなどで流れているものは、この任意保険に当てはまります。

いよいよ納車日

そろそろ手続き疲れしてきますよね（苦笑）。

しかし、ここまでのステップが完了したら、いよいよ納車です！

納車は、だいたい2週間前後を見ておけば安心です（書類の取得状況でスケジュールは前後します）。

納車日は、そのまますぐにルンルンとお出かけ……をしないほうがいいのも、中古車を買うときの秘訣というか、僕からのアドバイスです。

納車されたら、車体や内装などに問題がないかどうか、しっかりチェックをしましょう。

さあ、これであなたのカーライフがはじまります！

……と、ここまで、車を買う側の視点を中心に見てきましたが、いかがだったでしょうか？　シミュレーションしてみてはじめて気づくこと、わかることもあるかと思います。

すでに中古車を買った経験がある方は、この時点で、

「あの会社は、あそこまでやってくれたんだがなあ……」

とか、

「ここはもうちょっと、こんなふうだったらよかったなあ……」

といったポイントが浮かんだかもしれません。

それこそが「中古車せどりビジネス」の差別化や大きなヒントとなるので、ぜひ気づいたことをメモしておいてくださいね。


では次に、車を売るお客様の視点で流れを確認していきましょう。

まとめ・その⑧

初心(買う側＝消費者)の気持ちを忘れずに。

お客様視点でシミュレーション！②～中古車を売ってみよう～

「下取り」から「買い取り」へ

みなさんが自分の車を売りたいな、と思ったら、どうしますか？
一般的には次の方法があります。

□ディーラーに買い取ってもらう
□中古車買い取りの専門業者に依頼する
□個人売買する

20年ほど前は、ほとんどの方が「ディーラーに買い取ってもらう」という方法で車を

「下取り」と「買い取り」のちがい

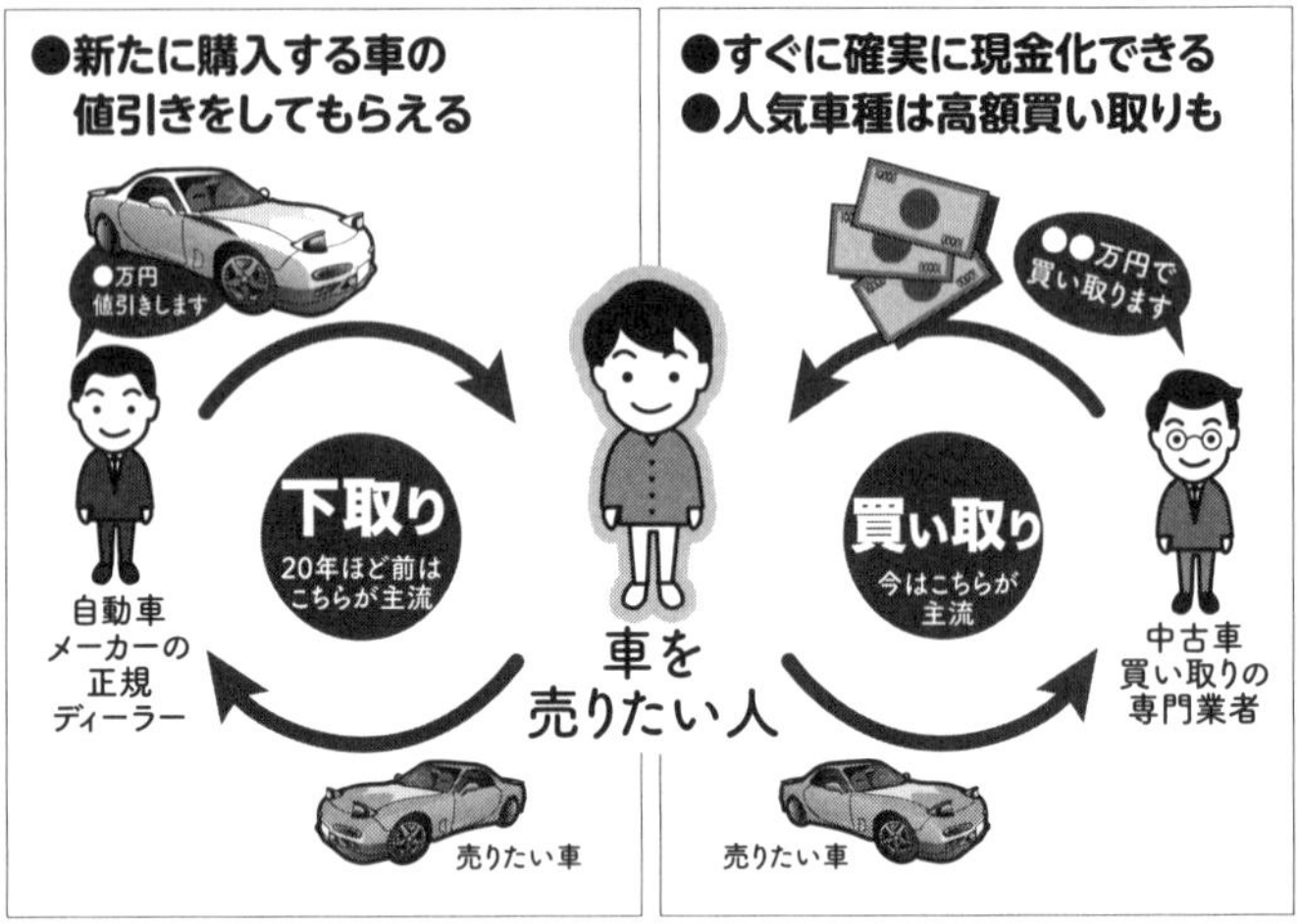

売却していました。

当時は「車の買い取り業者」というのはほとんどいなかったので、トヨタの車を買ったらトヨタに買い取ってもらう、日産の車を買ったら日産で買い取ってもらうという方法でした。

これをいわゆる「下取り」と言います。

下取りは、新しい商品を購入することを前提とした契約です。

それまで使用していた古い商品を預かりますよ、というものなので、とても安く下取りされるのが当たり前だったのです。

しかし、車を売る立場からしたら、これま

で乗ってきた愛車を「下取り」で安く提供するよりは、「少しでも高く売りたい」のが本音ですよね。

その結果、選ばれるようになってきたのが、「中古車買い取りの専門業者に依頼する」という方法です。そのニーズが拡大していくとともに、中古車の「買い取り」専門業者も増えていきました。

アップル、ガリバー、カーチスなどがそれです。

売りたいお店に直接連絡をする方法と、インターネットの「車買い取り一括査定」をする方法があります。一括査定をすると、各社から膨大な数の電話がかかってくるのでオススメはできません（笑）。

仮に、ここでは3社に見積もりをしたと仮定して、話を進めていきますね。

まずは売りたい車の情報をお店側に伝えて、実際に車を見てもらいます。すると、それぞれの会社から見積もりが出てきます。

その見積もりが、

A社は「80万円」
B社は「85万円」
C社は「90万円」

だったとしましょう。みなさんはどこに売りますか？　やはり、なるべく高く売りたいのが本音ですよね。

ということで、C社に依頼して売却する、という流れになるかと思います。

しかし、金額だけで決めるのも、じつはリスクがあります。

先ほど中古車を「買う」シミュレーションでも見たとおり、中古車の売買で最も大変なのは「書類のやりとり」です。

もしC社の態度が悪かったとしたら、その後のやりとりも気持ちの良いものではありません。よって、日頃から丁寧な接客を心がけていて、クチコミやレビューでも評価が高い会社を選ぶことが大切です。

そして、売るときに必要な書類は以下のようなものになります。

普通自動車の場合（■は店舗側が用意してくれます）

□実印
□印鑑登録証明書
□車検証
■委任状（実印押印のもの）
■譲渡証明書（実印押印のもの）
□戸籍謄本や住民票（必要な場合）

軽自動車の場合

□車検証

買い取り店によって必要書類や有効期限が変わることがあります。これらを役所に行って集めておけば、ディーラーや買い取り店があとはスムーズに対応してくれます。ただし、個人間取引の場合はこれらを自分で手続きする必要があります。慣れている人であればスムーズですが、なかなか難しいですよね。よって、よほどくわしい方ではない限り、中古車を売るときには買い取り業者に依頼するのが一般的となっています（つまり、ここがビジネスチャンスになります！）。

そして、売却が無事に済み、後日入金がされれば、車の売却が終了です！

さて、ここまで「お客様の視点」で売買をシミュレーションしてみましたが、いかがでしたでしょうか。

自分がお客様の立場になると、どんなことを感じるでしょうか？

どこに〈不満〉が出て、どこで〈安心〉を感じるでしょうか？

サービスの品質向上につなげるなら、どこを改善すればよいと感じますか？

絶対の正解も不正解もありませんが、商売の基本としても「ここまではやってほしい」という最低ラインはあります。そして、「ここまでやってくれたら感動」というレベルもあります。

中古車せどりビジネスは、副業だからこそ、自分のペースで仕事を入れられるのもポイントです。一人ひとりのお客様にしっかりと丁寧に向き合うことができるので、それが他社との差別化ポイントになってきます。

中古車せどりビジネスをはじめていない今こそ、お客様の気持ちが最も理解できるチャンス！　ぜひ、こういったシミュレーションをしてみてくださいね。

まとめ・その⑨

そのサービス、かゆいところに手が届いてましたか？

車の「相場」はなにで決まる？

競り（オークション）の現場には入れない

車を売りたいと思ったお客様に必ずやってほしいのが、**自分の車の相場をチェックすること**です。

なにごともそうですが、「相場」を知らないと、安く買い叩かれてしまうこともあります。交渉のネタにもなるので、相場は事前にチェックをしておきましょう。

相場の調べ方は、買い取り店のホームページや比較サイトを利用するのも良いでしょう。また、近くに店舗があれば実際に足を運んでみるのもオススメです。

よくありがちなのは、自分の車種だけで判断し、希望を高く持ってしまうこと。

じつは相場は色や年式、外装や内装の状態、装備品等で変わります。なるべく自分の車の状態と近しいものと比較しましょう。
また、前述したように、車両に対して20％くらいの利益を乗せて販売していると考えれば、だいたいの相場もわかってくるのではないかと思います。

では視点を変えて、みなさんが「中古車買い取りの専門業者」であれば、なにを基準にして見積もりを出すのでしょうか？

その数字の根拠になっているものは、「**オークション**」です。
魚市場や花市場を想像してもらうとイメージしやすいかもしれません。車も同じように市場があり、専門業者がそこで仕入れをしているのです。

オークションはリアルな会場で、全国でおこなわれています。そこでは中古車がビッシリとすし詰めになっていて、1台1台の競《せ》りがおこなわれているのです。
僕は何年もこの業界にいるので当たり前の感覚ですが、オークションのことを知らな

い方にお話しすると、みなさん驚いてくださいます。

このオークションは**誰でも立ち入り可能というわけではなく、車を売買する専門業者のみが立ち入ることができます。**会場に入るためには厳重なセキュリティチェックもあります。

月曜から土曜まで、日本全国で開催されています。

僕たちはそのオークション会場に直接足を運んだり、遠方の場合はオンライン参加をしたりして、目当ての車を落札するのです。

このオークションで各社が競り合い、だいたいの車の「相場」が出てきます。その金額をもとに各社は買い取り金額を決めるのです。

このオークションは「選ばれし者」だけが参加可能（ちょっとかっこよく言ってみました！笑）。

よって、参加資格がない業者や、中古車せどりビジネスをはじめるみなさんは、「オークション代行業者」に依頼することになるでしょう。

こちらについては、のちほどくわしくご紹介いたします。

では話をもどして、今度はお客様の立場ではなく、「中古車せどりビジネスを仕事にしている側」の視点で、全体のビジネスの流れを確認していきましょう。

まとめ・その⑩

相場を決めるプロの場があることを知っておこう。

お客様に車を売ってみよう！5つのステップ

売り手が見ている景色

これまでは「お客様側の視点」で流れを見てきましたが、今度は視点を変えて、自分が中古車販売店の店主になったつもりでシミュレーションしてみましょう。

なにごともそうですが、

「売る側になってみて、はじめて気づくこと」

「はじめて知ること」

が多々あります。ぜひ、そんな視点で読み進めていただけたら嬉しいです。

中古車販売の手順は、じつはとってもシンプル。大きく分けて5つのステップに分けられます。
①**受注**→②**仕入れ**→③**名義変更**→④**整備**→⑤**納車**
それぞれをくわしく見ていきましょう。

ステップ① 受注

これはお客様からのオーダーを受けることです。どんな車が欲しいかをヒアリングしていきます。

しかし、先ほど「車を買うシミュレーション」でもお伝えしたとおり、ほとんどの方は「明確なニーズ」を持っていないのが現実です。よって、まずは車を使う目的や、車に乗ることで**どんなライフスタイルを実現したいのかをヒアリング**していきます。

たとえば、「通勤で使う」とか「燃費の良い車でコストを抑《おさ》えたい」「子どもの乗り降りを安全にして、ストレスなく日常を送りたい」などです。

次に、**予算をヒアリング**します。

正直なところ、お客様のほとんどは、「比較的新しくてキレイな車を安い値段で買いたい」という希望があります。これは中古マンションや中古の戸建てを買うときも同じ心理になると思います。

しかし、不動産のプロや、僕たち車のプロは、「それは存在しない」とわかっています（笑）。よって、

「これくらいの年式だと○○万円になります」

「白だと人気なので、プラス5万～10万円くらいは見ておいたほうがよいかもしれません」

などと情報をお伝えしながら、商談を進めていきます。

このとき、**予算の上限を聞いておく**のもポイントです。

また、ニッチな車はもちろん探しにくいです。

たとえば「淡いピンク色でゴツい大きな車が欲しい」など。

したがって、ヒアリングをしながらも、お客様を上手に先導していくのがコツ。

「白や黒を選ばれる方《かた》が多いですよ」とか、

「こういったタイプが人気ですね」

「値《ね》くずれしにくいのはこのタイプですね」

などとやりとりしていきます。

ヒアリングしておきたい項目を整理すると、こうなります。

□車を使う目的
□予算
□車種のタイプ
□色
□年式
□ゆずれないポイント

このとき、在庫を持っている中古車販売店であれば、お店にある商品のなかから選んでいただき、その場で商品が決まります。

在庫を持たない僕のようなスタイルであれば、このヒアリング情報をもとに、仕入れをします（中古車せどりをはじめるみなさまにお伝えしたいのは、もちろん僕のようなスタイルです）。ちなみに、決断にかかる時間は人それぞれです。早い人であればヒアリング時間は30分ほどで済みますが、長い方であれば「家族に相談してみます」と数日持ち越しになることも。

しかし、このヒアリングがうまくいけば、お客様の心をグッとつかむことも可能です。逆に、ヒアリングで失敗すると「また来ます」と言ってご契約にならないケースもあります。大事なのはお客様の想いに共感して信頼関係を紡《つむ》ぎながら、上手に先導していくこと。尋問口調にならないように、ソフトな質問の仕方も大事です。

ヒアリングが上手にできれば、その後の失敗も多少カバーできるくらいの信頼関係が築けます。時間をしっかりとって臨《のぞ》みましょう。

ステップ② 仕入れ

オーダー受注後は中古車を仕入れます。仕入れる前に知っておきたい知識として、**「車両状態評価書」**というものがあります。一例として、株式会社オークネットのもの

車両状態評価書の見方のポイント

各社によって評価点や表記等が多少異なります

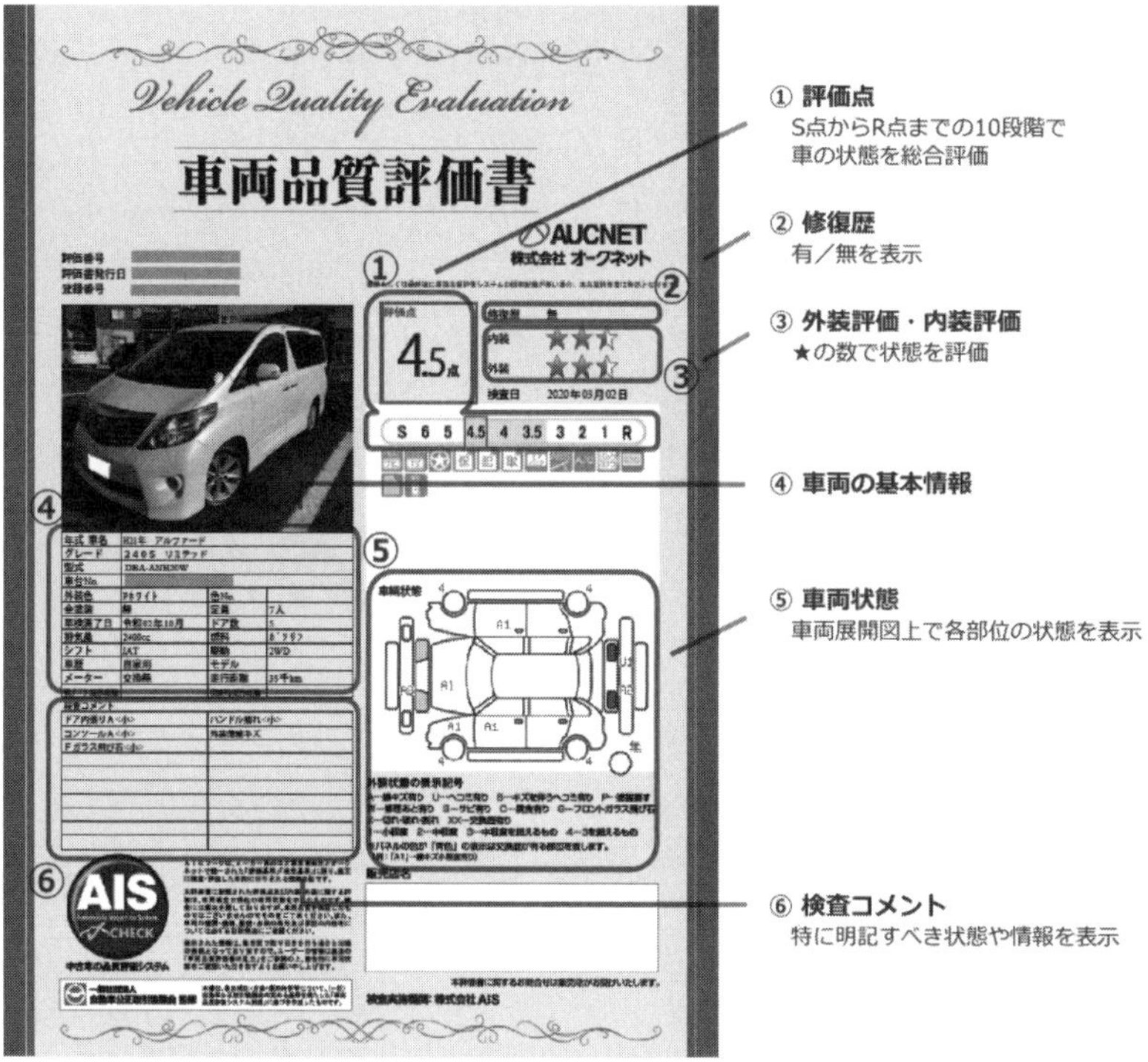

出典：株式会社オークネット https://www.aucnet.jp/contents/helpcert/

を引用して前ページに示しておきます。

これは中古車の「カルテ」や「成績表」のようなもの。「車のどこに傷や凹《へこ》みがあるのか?」「過去にどこを修理したのか?」などの履歴がひと目でわかるようになっています。ディーラーや機関によって証明書の名前が変わりますが、基本的には同じ役割。見方がざっくりでもわかっていれば、安心できます。さらには**査定士**(車を査定してくれる人)との会話も弾《はず》みやすいので、知っておいたほうがよいでしょう。

そして、仕入れの方法は次のとおり。

□中古車販売店から直接仕入れる
□有料の中古車プラットフォームサイトを利用する
□オークション代行サイト
□ヤフーオークション、メルカリ、ジモティー、一般サイト

それぞれの詳細や仕入れの注意点については、このあとのページでくわしくご紹介します。ご自身に合った方法を見つけましょう。

なお、仕入れができた時点で、いくらで販売するかなどの金額が確定します。よって、この時点でお客様と契約書を交わしましょう。

ステップ③ 名義変更

仕入れた車は、この時点では前の所有者の名義になっています。よって、ここでお客様の名義に変更する手続きが必要です。必要な書類をそろえて、**陸運局**（かつての名称で、現在は「運輸支局」と言う）に持って行き、お客様の所在地の車のナンバーに変更します。

これが「名義変更」というステップです。必要な書類は次のとおり。最初はヘビーに感じるかもしれませんが、慣れれば簡単です。

普通自動車の場合（■は店舗側が用意します）

□実印
□印鑑登録証明書
□車庫証明書（※地域によっては不要な場合も）

□リサイクル券の預託証明書
□車検証
□自賠責保険証
□自動車税の納税証明書
□戸籍謄本や住民票（必要な場合）
■委任状
■譲渡証明書

軽自動車の場合（■は店舗側が用意します）

□印鑑（認印可）
□住民票の写し
□車検証
□自賠責保険証
□軽自動車税の納税証明書
□戸籍謄本や住民票（必要な場合）

■委任状
■譲渡証明書

僕たちプロは慣れているので、流れ作業になりがちなのもこのステップ。

しかし、お客様のほとんどは、これらは「はじめて見聞きする書類」であり、「大切な個人情報」です。

「書類手配が面倒だな」と思うお客様の気持ちに寄り添いながら、スムーズにできるようにご案内をしていきましょう。

書類の取得方法や、あとはどの書類や手続きが残っているのかなどがひと目でわかるリストのようなロードマップをご用意してあげるのもよいかもしれません。

僕のお店では「そこまでやってくれるの？」というレベルで書類取得のお手伝いをしています。どこまでお客様に寄り添うのかも、ほかの中古車販売店との差別化のポイントになります。

ステップ④ 整備

中古車が届いて名義変更ができたら、整備をします。

じつは中古車業界では、この「整備」をまったくせずに販売するスタイルもよくあります。仕入れしたものをそのまま売るという「**現状販売**」です。整備のコストがかからないため、販売業者としては安くお渡しできるわけですね。僕の感覚では、4～5割の中古車販売店がこの「現状販売スタイル」です。

もちろん、こういったスタイルも否定はしません。

ただ、僕の場合は100％しっかり整備をするようにしています。これが他社との差別化のポイントです。

どんな整備をしているのかをざっくりとご説明すると、まずは走行テストをして不具合がないかチェックします。

また、次のような項目の整備をしていきます。

整備項目例・僕の会社の場合

□オイル交換
□ルームランプ
□エアコン
□ワイパー
□シガーソケット
□ドリンクホルダー
□ハンドルの色褪《あ》せや傷の補修

僕の会社では整備士を雇っているのでここまでしっかりとできますが、中古車せどりをスモールスタートする場合は、この整備はプロへの外注となります。

たとえば、近くのガソリンスタンドに車を持っていけば、「**法定点検**」を受けることができます。法定点検とは、**日本の整備業界で決められた108項目**をチェックしてくれるものです。ぜひこれはやっておきましょう。

整備をしっかりやることは、お客様との信頼構築になり、リピーターや紹介を生むチャンスにもつながります。

ステップ⑤ 納車

整備のところでお話ししたように、仕入れた車をそのまま売る「現状販売」のやり方であれば、仕入れた車をそのままお客様にお渡ししておしまいです。しかし、僕の営業方法では、お客様が「不快だと思うことがないようなレベル」にしっかり仕上げてお渡しします。

中古車は、どうしても**前の持ち主の「使用感」が残ってしまう**もの。

それをできるだけ和《やわ》らげられるように、整備したり掃除をしたりしています。

みなさんがホテルや旅館にチェックインしたとき、掃除が行き届いていなくて、前の人が使っていた使用感が残っていたり、においがこもっていたりしたらイヤですよね。

人気の宿泊施設は当たり前に掃除が行き届いています。

それと同じように、僕たちも車をできる限りしっかりとキレイにしてお渡しすることを心がけているのです。

たとえば、扉の付け根。

ここはホコリや油がたまるので、しっかりとブラシを入れてキレイにします。

また、運転席とひじかけのあいだにはいろいろなモノが落ちるので、こちらも長いノズルの掃除機を丁寧にかけていきます。

中古車は独特のにおいがする場合もあるので、消臭や除菌もポイントです。

とはいえ、中古車せどりをはじめるみなさんが、最初からそういったレベルで納車するとなると、かなり時間もとられてしまうでしょう。

とにかく見た目だけでもキレイに整えたいという場合は、ガソリンスタンドのちょっと高めの機械洗車だけでも充分キレイになります。

撥水《はっすい》していればキレイに見えるので、撥水スプレーを使って拭き上げると光沢がでます。

当然のことだと思われるかもしれませんが、こうしたお掃除もされていない中古車販売店も多いです。

ただ、とくに中古車をあまり買ったことがないお客様は「納車される車はキレイで当然だよね」という感覚を持っています。見えない努力にはなりますが、マイナスな印象を与えないためにも、ぜひやってみてください。

さてここまで「中古車を売る側」としての5ステップを見てきましたが、いかがでしたか？

このなかで最も難しいのが「仕入れ」です。次は、その仕入れについて見ていきましょう。

まとめ・その⑪

車にとっても「見た目」は大事。

仕入れの方法、この4選

目利きとしてのチェックが大事

中古車を販売する際に、成功と失敗の明暗を分けるのがこの「仕入れ」というプロセスです。このとき大事なのは「商品の状態をチェックすること」です。

当たり前だろ！　とツッコミが入りそうですが、中古車ビジネスをはじめたばかりの方や素人の方がいちばん失敗しがちなのも、この仕入れにおける商品チェックなのです。

最低でも確認しておきたい3大チェックポイントは、

①**修復歴**
②**機関系トラブルの有無**
③**内外装の状態**

です。これらは「車両状態評価証」でチェックすることができるので、その見方は知っておいたほうがよいでしょう。

まず初級レベルとして「車両状態評価証」の見方が大事……なんですが、じつは、**「車両状態評価証」は、車が「動いて走る」という機能が問題なければ、その他の細かい部分は書く必要がありません。**

なので、中級レベルとして、よりいっそう重要になってくるのが、**車両状態評価証に載っていない部分。**

要は、欲しい車が決まったら、必ず現地で調査をすることが大事ということです。

たとえば、車体のにおい。エンジンの音。

エアコンの効き具合やミラーが電動で格納されるか、すべての席からパワーウインドウがきちんと開くかも確認のポイントです。

もし壊れていた場合は、自腹で修理してお客様に販売します。この修理費が思った以上にかかってしまい、利益を圧縮してしまうこともあります。

僕の場合は、もし修理ポイントが見つかったら、その場でお客様に連絡をして、「ご希望の車が見つかりましたが、ミラーの電動格納ができず修理に出すので、そのぶんの予算が数万円あがるのですが、問題ないでしょうか？」と確認します。お客様とも交渉しやすいように、必ず自分もしくはプロにチェックしてもらいましょう。

では、この「商品チェック」を前提としたうえで、4つの仕入れ方法について、それぞれの特徴と注意点を解説していきますね。

仕入れ方法その①　〈中古車販売店〉から直接仕入れる

中古車販売店にみずから赴《おもむ》いて、自分でチェックして購入します。自分の目で車両を見ることができるので、安心感につながります。実際にエンジンをかけることが可能であれば、不具合がないかなどもチェックしておきましょう。

なお、この仕入れ方法は中古車販売店の利益も乗った金額での仕入れになります。割高にはなりますが、自分の目でチェックできることがメリットです。

仕入れ方法その② 〈有料の中古車サイト〉から仕入れる

インターネット上に、車の業者間で売買ができるサイトがあります。古物商の許可と駐車場があれば、誰でも見ることが可能なので、欲しい車があればここから探し、購入することができます。

無料のサイトでも充分に情報は掲載されていますが、月額利用料の1万円〜2万円を支払うと、さらにリアルタイムで詳細な情報を確認できます。次に説明するオークションよりは値段が高めになりますが、オークションとはちがって入札制ではないので、欲しい中古車をより確実に買うことができます。

仕入れ方法その③ 〈オークション代行サイト〉から仕入れる

僕たちのようなプロの中古車販売業者は、「オークション」で中古車を購入します。

オークションはリアルとオンラインで日々開催されていますが、一定の条件がないと参加できない仕組みです。

そのオークションに入れない業者のためにあるのが、「**オークション代行**」というサービス。オークションに参加して、商品を代理で仕入れてくれるシステムです。

たとえば、みなさんがオークション代行業社（者）に「トヨタのプリウスの黒、30年式、5万キロくらいのものを予算○○万円で落札してください」と依頼したとします。手数料を払えば、そうした車を落札してきてくれるのです。

スポットで依頼できるので、ランニングコストがかかりません。仕入れ価格の相談ができるのも嬉しいところ。

ちなみに、このオークション代行を利用する場合、

「査定士による現地調査／下見調査を依頼する」

というオプションを必ずセットにしてください。これをケチってしまうと、先にお伝えしたような「車両状態評価証」には書かれていない不具合があった場合に痛手となります。

また、当たり前の話ではありますが、落札は無理のない金額でおこなうことが大事です。

仕入れ方法その④

〈ヤフーオークション、メルカリ、ジモティーなど一般サイト〉から仕入れる

この方法は、自信がある方にはオススメです（笑）。ただし、「商品のチェック」がじかにできないため、気をつけないと不良車両をゲットしてしまう可能性もあります。そのことを理解したうえで使いましょう。

以上、４つのパターンでお伝えしました。

仕入れたあとは、名義変更をするため、自分で用意した駐車場に運びます（場合によっては整備会場まで運び、整備してから名義変更となる場合もあります）。

このときナンバーのない車であれば、仮ナンバーを自分で申請すると、公道を走れます。仕入れ先と駐車場や整備会場が近い場合は、自分で運転していくことが最も効率

的ですね。

ただしオークションの場合は、それは代行業者がおこないます。なぜなら、前にもふれたとおりオークションは一般の人が立ち入ることができないからです。

また、自分で運転するのが厳《きび》しい場合は、プロに依頼することも可能です。

ただし、その場合の費用は2万円〜3万円かかるので、**全体のバランスを見ながら、どこを外注し、どこを自分がやるのかを判断していくことが大事**です。

まとめ・その⑫

どこまで自分でやるかを事前に考えておく。

初心者に優しい方法とは？

困ったときのプロだのみ

さて、これまで中古車販売に関わる5つのステップをお話ししてきました。

中古車販売業を職業にしている僕がどうやっているかも含めて書いたので、

「そこまでやらないといけないの？」

「なんだか時間がたくさんとられそうな気がする」

と気が重くなった方もいらっしゃるかもしれません。


しかし、安心してください。

じつはこれらのステップは、受注のヒアリング以外は、すべてが外注できるのです！

①受注（のヒアリング）……………自分
②仕入れ…………………………**オークション代行業者等**
（仕入れ会場から駐車場への陸送……**陸送のプロ**）
③名義変更………………………**行政書士**
④整備……………………………**整備のプロ**
⑤納車……………………………**納車のプロ**

車に関する会社は、大手ハンバーガーチェーンよりも多いとお伝えしましたね。

つまり、それだけ事業内容が細分化し、分業体制が確立しているということでもあります。

「買い取りのみ」のお店もあれば、「整備専門」や「代行業のみ」という事業展開をしている会社も多々あります。よって、困ったときはプロに頼めばよいのです！

自分が不得意なところは外注できると知るだけでも、中古車せどりをはじめるハードルはグッと下がるのではないでしょうか？

ただ、もちろん外注すればするほど、自分の利益は少なくなってしまいます。よって、最初は外注しつつ、自分のできる幅を拡げていくのがよいでしょう。

あえて「軽」からはじめる手も

そして、もうひとつ「初心者に優しいはじめ方」のポイントがあります。

それは「軽自動車」を扱うこと！　軽自動車と普通自動車では、必要な書類や手続きが大きく変わります（81〜83ページ参照）。僕の感覚ですと、**普通自動車に比べて半分の労力で済むのが軽自動車の取引**なのです。

また、軽自動車はお客様にとってもメリットがあります。

まずイニシャルコスト（購入価格）が安いこと。そして、ランニングコストも年間数万円以上安くなります。

ヒアリングの際、「このお客様には軽自動車も合いそうだな？」と思ったら、そちらを提案してみるのもいいでしょう。

なお、軽自動車のデメリットとして「事故や衝撃に弱い」ということがあります。たしかにこれは一理あるのですが、最近の日本車であれば、普通車も軽自動車も強度はさほど大きく変わりません。そういった知識も、数を重ねていくうちにだんだんと増えていくでしょう。

中古車せどりは、「古物商」の許可さえあれば、誰にでもできて、資格の不要なビジネスです。車好きであればなお良しですが、車への知識があまりなくても販売はできます。

しかも、多くの方は「難しそう」「ハードルが高そう」と思って参入してこないので、そこがビジネスチャンスにつながります。

最初の一歩をぜひ踏み出してみてくださいね！

まとめ・その⑬

まずは小さなコトから。その一歩がチャンスに直結。

クレーム回避の工夫が「おもてなし」につながる！

成長の糧《かて》になるクレーム対応

自分が成長するために欠かせないのがお客様からのフィードバック、なかでもクレームです。

とはいえ、事前に回避できるのであれば、対策をしておきたいですよね。

また、一人ひとりの顧客満足度が高ければ、そこからクチコミやご紹介をいただいてビジネスチャンスが広がります。

ということで、今回は「おもてなし」につながるレベルのクレーム回避の工夫をお伝えしていきます。

ここまで対応すれば、ほかの中古車販売店とグッと差がつくことでしょう。

「おもてなし」ポイント①

納車までのフローと現在地点を確認

多くの人は、「待たされること」が苦手です。飲食店から携帯電話販売店や病院などにいたるまで、だいたいのクレームは同じ。

「まだ来ないのか！」
「時間がかかりすぎ！」
「いつまで待たせるんだ！」

といった内容です。

よって、受注から納車までのスケジュールのイメージをお客様といっしょに確認していきましょう。できればフローチャートをつくり、お客様に、

「今はどの段階にいるのか？」

という認識を共有していくことが大事です。

また、「お客様サイドでストップがかかっている」という場合にも、フローチャートは便利です。

「当初は納車予定が2週間後でしたが、現在まだ印鑑証明書をいただいていないため、納車が遅れる見込みです」などとお伝えできます。

お客様サイドで止まっているときに、何度も催促するのは気が引けてしまうもの。そういったときにも、全体像とスケジュール・イメージの相互理解がとれていれば、クレームになりにくくなります。

なお、この本を読んでいただいているみなさまがご利用いただけるフローチャートもご用意しました。巻末213ページにあるQRコードから公式LINEにアクセスしていただき、そこでダウンロードしてご利用ください。

「おもてなし」ポイント② タスクチェックシートを用意しておく

慣れてしまえば簡単な車の販売。しかし、最初はタスクが多く感じることでしょう。

その〝ヌケ・モレ〟を防ぐため、やらなければならないことをリスト化しておきましょう。

また、期限もしっかり確認できるようなリストが理想的。ここまでの期限でできたらいいな、という理想のスケジュールと、必達のスケジュール日程も入れておくことがポイントです。

名義変更に関する書類は、お客様のほうでもタスクが発生します。**必要な書類と理想の期限を書いてお渡ししておく**のがポイントです。

「おもてなし」ポイント③ お客様からよく聞かれることリストをつくっておく

みなさんがなにか商品を買ったときに、その商品に関連して質問したとします。それに対して、そのつど「確認しますので少々お待ちください」と言われた経験はありませんか？「それくらい、現場で把握しておいてほしい！」と思ったことはありませんか？

お客様は僕たちのことを「車のプロ」だと認識しています。「商売にしているのだから知識があって当たり前」という前提でお話しされるのです。よって、答えに詰まってしまうような質問は、こう答える！という想定問答集をつくっておくと便利です。

たとえば、よくある質問はこちら。

「**買い替えの目安**って、どのくらいなのですか？」

「**車の保険**って、どうすればいいのですか？」

「**値落ちしにくい車**って、どんなものがあるのですか？」

「**子育てしやすい車**って、なにかありますか？」


お客様とオンラインのメッセージでやりとりすることがあるのなら、「聞いてみたい質問があればメッセージくださいね！」と事前にお伝えしておくのもよいでしょう。

現場であせらないよう、事前に対策を考えておきましょう。

「おもてなし」ポイント④　メッセージや文面で詳細を残す

「言った、言わない」を回避するために、大事なことはメッセージや文面で残すようにしましょう。僕も含めて、多くの人間は「聞いたことや言ったことを忘れる」生き物です。

たとえば、家を購入するときや、保険に加入する際は、長い説明を受けるものですが、その詳細まではなかなか覚えていられないですよね（笑）。

車という商品は、どうしても受注してから納車するまでに時間が空きます。「欲しい！」と思ってから時間がかかるので、お客様は細部を覚えていません。そこは覚えていて当然だろうという思い込みも、通用しないことがよくあります。

僕の経験では、お客様のもとへ車をお届けしたときに、「やっぱり今の車がいい！」と言われたことがありました（苦笑）。「言った、言わない」はどの業界でもよく起こることだと思います。ただ、車の場合は高単価商品なので、その確認の有無が命取りになることも！　メッセージや文面で残すことを忘れないようにしましょう。

以上のポイントを押さえると、クレームになりそうなこと、あとあとつらくなりそうなことを避けられるのはもちろんですが、なにより顧客満足度もあがります。

みなさんが日頃「このお店のサービスはとても信頼できるなあ」「ここのおもてなしはとても良いなあ」と思っているサービスやお店があれば、ぜひそれをご自身のビジネスに活かしてみてください。

正直な話をすると、中古車業界は「車の仕事をずっとやってきた人たち」が多めです。するると、業務やサービスを改善する視点を持ちにくくなり、今までどおりのやり方を続けているという業者ばかりになります。

大手もまた「理想のサービス」を追求するよりも「日々の業務を効率化し生産性をあげる」ことに目が行きがちです。

だからこそ、異業種では当たり前のサービスやホスピタリティを、中古車せどりサービスに持ち込むだけでも他社と差別化が図れます。「僕は今まで車の商売をしたことがないから」と二の足を踏んでいる方がいるとすれば、そんな方こそ、中古車せどりを副業にしましょう。異業種かけ合わせの新しい発想で、新しい車のサービスをぜひ生み出してほしいと思います。

まとめ・その⑭

業界ずれして「今までどおり主義」に陥らないこと。

販売後の故障とアフターフォロー

中古ゆえの運不運がある

次は販売後のアフターフォローついて、お話をしていきます。

「中古車」というのは「中古」である以上、正直に言って、いつ、どこで、なにが壊れるかが読めません。

納車前に明らかに違和感がある場合は、僕たちが対応できます。しかし、前の持ち主がどういった環境でどういった使い方をしていたかはわかりません。よって、納車後に想定外の壊れ方をするケースもあるのです。

よくあるケースとして挙げられるのは、車体本体というよりは電気を使ったいろいろな装備やボタンの故障です。これらは「電装系パーツ」と呼ばれるもの。

たとえば、パワーウインドウやドアロック。電動格納ドアミラー、カーナビやライト、ワイパーやウォッシャブル液の噴射モーター、ウインカーなどもこの「電装系パーツ」に該当します。

僕の仕事では、納車時に車を百点満点にします。しかしその時点では問題なく動いていた機能も、納車後にパタッと動かなくなるケースもあるのです。たとえばカーナビ。前の持ち主のボタンを押す力が強くて、最もよく押されるボタンだけが金属疲労を起こしてしまい、そのボタンだけが使えなくなってしまった、なんていう事例もあります。

その車が雑に扱われていたのか、丁寧に扱われていたのか？　乾燥してホコリっぽい状況で使われていたのか。それとも、湿度が高い状態で使われていたのか？

こういった前の持ち主の利用状況は、現状を見て判断するしかありません。

僕たち中古車のプロが見てもわからない部分があるのです。よって、どのくらいの期間で不具合が出てくるかはわかりませんし、逆にそういったことが一切なく、快適に乗り続けられるということもあるのです。

「買ったばかりなのに…ショック」を軽減する方法

つまり、ここで大切なのは、売り手である僕たちがお客様に、

「それが中古品を購入するということであり、中古品にはそれなりのリスクがある」

という認識をしっかり持っていただくこと。


日頃から中古品や中古車に慣れているお客様であれば、

「壊れたら、それはそれ。壊れる前提で購入する」

というのが通常の感覚です。

しかし、はじめて中古車を購入される場合、中古という商品の特性がいまいちつかめず、「買ったばかりなのに、壊れた！」となるケースもあります。


この場合で大きくちがうのは「前提」。

「中古車だから、いずれ壊れるのが当たり前」

という前提と、

「中古車と言っても、商品として販売しているのだから、すぐには壊れないはず」

という前提では、

「**いざ壊れたときの、がっかり感**」が大きくちがいます。よって、壊れたときに必要以上にがっかりさせないように、事前の情報提供が大切なのです。

救済策としての保証

しかし、こんなことを言っていたら、中古車を買うのが怖くなってしまいますよね。

よって、壊れたときの救済策もあります。

たとえば、保証会社に加入することです。カーセンサーの中古車保証や、グーネットのグー保証。その他いろいろな中古車販売店が自社の保証を提供しています。

ちなみに、こういった保証の種類とお値段は、車の年式や走行距離と「どこまで保証の範囲を拡げるか」で変わります。最も手厚い保証であればもちろん安心ですが、その分、値段はお高め。年間10万円以上になることもあります。

最もシンプルなプランであれば年間1万～3万円前後で加入できますが、保証の対象がかなり限定されてしまいます。

また、こういった保証は「消耗品」は対象としていません。「消耗品」に該当するものは、タイヤ、ブレーキパッド、ベルト、オイルなどです。

こういった説明をしてあげると、お客様がみずから加入するか否かを選んでくれます。僕の感覚では、この保証会社に入る方はお客様の半分くらい。**保証はあくまでも掛け捨て**なので、そのお客様のお財布事情やリスク許容度にあわせて選択いただくことが大事です。

また、新車であれば5年間は保証期間があります。よって**5年以内の中古車**を購入すれば、その保証期間の残存枠を引き継ぐことも可能です。たとえば、3年落ちの車を中古で購入したら、残りの2年分のメーカー保証を引き継ぐことができるのです。

中古車を購入するのに不安があるお客様には、こうした保証会社の存在や、5年以内の車の購入をオススメするのもよいでしょう。

ロードサービス系の保険

「中古車に慣れているお客様」は、「どうせ壊れるし」という前提があるので保証会社には入らない傾向があります。

その場合にオススメなのは、保険会社が展開しているロードサービス系の保険です。たとえば事故や故障で自走できない場合には、レッカー車が必要となりますし、代替の交通手段や交通費も必要です。また、ガス欠やパンクなどの緊急事態に駆けつけてくれるのがロードサービス。

この機能はクレジットカードに付帯されている場合や、車の任意保険でカバーできる場合もあります。

ただし、そういった「なにかの商品のサービスに付帯している」ケースは、会費は無料となりますが、レッカーの移動距離が短いなどのデメリットも。

その場合は、損害保険会社の商品でカバーするのもよいでしょう。年間数千円で加入できるので、お客様にオススメしておくと安心です。

また、僕はお客様に対し「ＪＡＦロードサービス」を積極的にご案内しています。

先ほどお伝えした保険会社のロードサービスは、対象が「契約者の車のみ」となることが多いです。

それに対して「JAFロードサービス」は「人」にかかります。

そのため、お客様が自分の車ではなくレンタカーや会社の車、友人や家族の車に乗っていた場合も対象となります。自然災害や大雨による冠水時にも対応してくれるので、異常気象が続く昨今では安心ですね。

しかも早朝や深夜などにも快く対応してくれて、トラブル解決までのスピードがひじょうに早く、年会費も4000円程度とコストパフォーマンスが高いです。

よって、中古車販売をする際には「なにかあったらJAFロードサービスが整備工場まで運んでくれるから安心ですよ」と伝え、加入をオススメするといいでしょう。

みんなで支え合う安心のサービス

商売を軌道に乗せて長く続けていくには「アフターフォロー」が大事です。継続的にお客様とコンタクトを取り続けることができれば、次の買い替えでもリピートしてくれますし、別のお客様をご紹介してくださる機会も増えます。

しかし、正直なところ「中古車せどり」の副業ではなかなかそんな時間も割けないのが本音でしょう。この場合に大事なのが、プロに頼ることなのです。

自分を中心に、紹介できるプロたちとチームを組みましょう。

たとえば、車の保険に関しては、

「保険のプロであるAさんが信頼できるので彼になんでも聞いてみてください」

あるいは、整備で迷ったときは、

「整備のプロであるBさんに相談するのが間違いないです」

などと、紹介できる先、信頼できる先を自分でつくっておくのです。


先にも述べたように、**車業界は「分業制」**となっており、さまざまなプロフェッショナルがたくさんいます。

頼れるところは頼りながら、チームでお客様をフォローしていくことがオススメです。

まとめ・その⑮
販売後のケアはプロにおまかせ。

中古車せどり以外の副業メニューとは？

いろんな副業メニューが選べる

さて、ここまで具体的なハウツーをご紹介してきましたが、いかがでしたか。
意外にラクチンだし、楽しそう！　と思ったでしょうか？
それとも、思ったより面倒そうだなと思ったでしょうか？
ここであらためて、中古車せどりのメリットをまとめてみます。

メリット①「ニーズがつねにある」
メリット②「初期投資やランニングコストが少なくて済む」
メリット③「高単価商材であるため、１台あたりの利益が大きい」
メリット④「個人の参入が少なく、大手との価格競争にも勝ちうる」

メリット⑤「苦手な部分は外注できる」

このほかにも、「特別な資格が不要」「誰でもできる」など、いろいろなメリットがあります。しかし、だからといってすぐにはじめられる行動力がある方はそう多くはありません。そんな方には、「紹介するだけ」「あいだに入ってつなぐだけ」という副業メニューもあります。

そのような車関連の副業メニューについてくわしくご紹介していきます。

車関連ビジネスその① 買い取り業者に紹介する

過去に売買をした買い取り業者があれば、その会社に「車を売買したい人」を紹介することで、紹介料として現金がもらえます。

なぜこのようなことができるかと言えば、車業界は集客のために多額の広告宣伝費を使っているからです。企業にとっても、不確実な広告宣伝費より、成約率の高いご紹介のほうが嬉しいものです。

わずらわしい手続きや交渉などに関与することなく、紹介だけで報酬が得られるのは魅力的ですね。

車関連ビジネスその② 新車ディーラー紹介

新車購入を希望している人をディーラーに紹介すれば、紹介料がもらえます。これもまた理由は同じで、車業界は宣伝広告費を大量に使って新規顧客を探しています。その分の労力やコストを削減できるのは嬉しいことなのです。また、紹介を通じて友人や知人の車購入をサポートすることで、良好な関係を維持・深化することもできます。

車関連ビジネスその③ 廃車引き受け

今は鉄の買い取り価格が高騰しています。車は鉄の塊《かたまり》なので、古い自動車などを解体屋さんに持っていくと、1台あたり2万円程度で買い取ってもらえます。引き取りのコストはかかりますが、動かなくなった車も売ることができます。

また、排気量が大きい車は7万円ほどで買い取ってもらえます。自分たちのお父さん世代が乗っていたような古い車（セダンやクラウンなど）は排気量が多いため、そういった車の処分に困っている方がいたら、ビジネスにつなげてもいいかもしれません。

環境保護やリサイクルにもなるので、社会貢献にもつながりますね。

車関連ビジネスその④

予備のタイヤ転売

ガレージや物置に放置されている予備のタイヤや冬用タイヤを転売することで、おこづかい稼《かせ》ぎができます。

アルミのホイールは、最低でもひとつ500円。4つあれば2000円となります。

販売先は、中古のパーツ専門店でもいいですし、自分で売るならヤフーオークションやメルカリといった方法もあります。メルカリでは、タイヤの梱包・発送まで、まるっと依頼できる方法もあります。人気車種の純正タイヤはかなり高く売れるので、調べてみるだけでも面白いかもしれません。

車関連ビジネスその⑤

限定アイテム転売

ヤフーオークションやメルカリを使えば、高級車や外国車のエンブレムが入ったマットや灰皿、キーホルダーなどのアイテムも販売できます。レクサスの灰皿が3万円で落札されたケースもありました。

また、ボンネットマスコットといって、ボンネットの先端中央部分に取り付けられている、立体的なエンブレムがあります。これは予備がついてくるのですが、ほとんどの人は予備を使わないので、車の中に入れっぱなしになっています。これも人気があるアイテムです。

車関連ビジネスその⑥

車の部品転売

ナビ、マット、チャイルドシート、ETC（電子料金収受システム）など、車には多くの部品やアクセサリーが取り付けられています。これらは取り外し可能で、需要があります。中古品を扱うお店に持っていってもいいですし、自分で販売するのもいいでしょう。

車関連ビジネスその⑦

バッテリーの重量換算売却

バッテリーは、2~3年に一度の交換が推奨されています。
交換後の古いバッテリーは、重量換算での売却が可能です。リサイクル業者やスクラップ業者などと連携し、定期的に古いバッテリーを買い取ってもらうことで、安定した収入を期待できます。

車関連ビジネスその⑧

車検代行

みなさんが車検に出そうと考えたとき、ディーラーに持って行くか、知り合いの整備工場やガソリンスタンドなどに持って行く、といったルートを考えるかと思います。
しかし世の中には、車検代をもっと安くしたいと考えている人はたくさんいます。

そういった方のために「**ユーザー車検**」というものがあるのです。

簡単に言うと、通常は整備工場に頼む車検を、できる限り自分でやるという方法。運輸支局（軽自動車の場合は軽自動車検査協会）内の自動車検査場に自分で車を持って行き、検査を受けるのですが、それに自分が立ち会うことでコストカットできるのです。

この車検代行は、「車検を通したいけれど、いろいろ事情があって面倒だな」と思っている方を探して、自分がユーザー車検に行って代行してあげるというものです。

1件あたり1万円くらいで引き受けている方もいるので、おこづかい稼ぎには良い選択かもしれません。

車関連ビジネスその⑨ 車の清掃、ディテールサービス

掃除が苦手な人は多くいます。また、苦手をお金で解決したいという方もたくさんいます。そこで、車のクリーニングを自分が引き受けて、おこづかいを稼ぐ方法もあります。また、プロに依頼してその差額をおこづかいにする方法も。

世の中「掃除代行」サービスが人気なのは、それだけ「面倒だ」と思っている方が多

いからです。
とくに現代人は仕事や子育てで忙しく、いわゆる「時短」となるものにお金を払うことを厭《いと》わない傾向にあります。年末年始の大掃除時期なども狙い目かもしれません。

車関連ビジネスその⑩
カーシェアリングのホスト

これは都心部などで人気のサービスです。自分の車をカーシェアリングサービスに登録して、ほかの人に貸し出すことで収益をあげることができます。利用しない時間帯に車を貸し出すことで、効率的に資産を活用できます。
あまり流通していないレアな車を所有している人は、それなりに稼げる可能性もあります。ぜひサービスサイトを検索してみてください。

車関連ビジネスその⑪
車関連の情報発信

ブログやユーチューブチャンネルを立ち上げ、車のメンテナンス方法やカスタムの仕方、新車のレビューなどの情報を発信することで、広告収入やアフィリエイト収入を得ることができます。

車好きならば、自分の経験や知識を共有することで多くのファンを獲得できるかもしれません。

ただし、これまで見てきたような副業とはちがい、即効性はありません。じわじわとファンを育てていく副業ですが、車好きには**趣味と実益を兼ねたライフワーク**になる可能性もありますね。

以上、さまざまな車関連の副業メニューをご紹介しました。

これらの車関連の副業メニューを活用すれば、日常生活の中で気軽に副収入を得ることも可能です。

中古車せどりビジネスはハードルが高いなあ、と感じている方は、まずはこういったところから**スモールスタート**してみてもいいでしょう。

「ありがとう」と喜ばれる経験は、なにごとにも替えがたく、新しいことをはじめるモチベーションにもつながります。興味や得意分野に合わせて、まずは小さな一歩からチャレンジしてみてください。

まとめ・その⑯

できることからはじめて、自分のペースでコツコツがコツ。

第3章

在庫ゼロ！　リスクゼロ！
先に受注する中古車営業術

僕が独立した理由

自営業の両親と営業パーソンとしての自分

中古車屋さんというのは、そのほとんどが、お店に中古車をズラッと並べて「いらっしゃいませ！」と、お客様を待っているスタイルです。いわば古着屋さんや中古のインテリアショップなどと同じ。メインは店頭で販売し、一部はインターネットなどで販売しています。そして、その売上で土地代や人件費、広告宣伝費などを賄《まかな》っています。

古着屋さんであれば、ひとつの店舗に膨大な量の商材を置くことができますが、車ではそうはいきません。大きな土地、事務所が必要ですし、野外に商品を置いているので維持や管理も大変です。

つまり、多くの中古車屋さんでは在庫を仕入れるために、かなりの初期費用や、ランニングコストがかかっているのです。

のちほどくわしく書きますが、僕はこれとは逆の方法を選びました（選ばざるをえなかったのですが……）。それが功《こう》を奏《そう》して、今現在のビジネスモデルにいたります。それが「在庫ゼロ！ リスクゼロ！ 先に受注する中古車営業術」なのです。

今回の章では僕の経験もお伝えしつつ、その営業術についてくわしくご紹介していきます。手前味噌なところも多々ありますが、ご容赦《ようしゃ》いただけたら嬉しいです。

ということで、まずは僕自身の経歴や失敗談などをお話しさせてください。

僕、保原玲史《ほばらさとし》は、一九八五年に埼玉県の大宮市（現在はさいたま市）に生まれました。父は電気設備の会社を経営。母はパン屋を開業するなど、自営業の両親のもとで生まれ育ちました。〝自営業の家あるある〟かなと思いますが、子どもの頃の夕ご飯は22時頃。父の仕事が終わってからみんなで食べるというものでした。

父の会社は順調だったようですが、お金にはとても厳《きび》しい教育方針。おこづかい制度というものがなく、子どもの頃から早く自分で稼げるようになりたいと思っていました。

そんな願いを叶えるため、大学時代にはガソリンスタンドのアルバイトをはじめます。

経験や知識より笑顔で勝負

そのガソリンスタンドでは、給油以外の追加サービスを販売するノルマがありました。たとえば、ワイパーや洗車チケット。オイル交換など各種アフターケアです。

当時、僕は20歳。経験も知識も足りないけれど、「元気いっぱいの笑顔で若い男の子が販売をすすめたら、お客様も悪い気がしないのでは?」と思い立ちました。そこで、給油時にハキハキと笑顔でアフターケア商品をすすめたところ、どんどん売上があがっていったのです。ここで僕は**「営業」の楽しさ**を知りました。

そして、もっと営業を深めたいと思い、大学卒業後は大手中古車販売店に就職。上司にも恵まれて、初年度からトップの成績を残し、その後6年間は全国買い取り台数トップという成績を収めることができました。

店長という中間管理職

その実績から、旗艦《きかん》店《てん》の店長に抜擢《ばってき》されて初のマネジメント職になります。

しかし、ここではかなり苦しい経験を重ねました。

最初に直面したのは**「教えること」の難しさ**でした。自分が幸運にも営業ができていたので、悩んでいるスタッフの気持ちに寄り添えなかったのです。そして、当時はパワハラという概念も薄かった時代です。自分が受けてきた教育方針を、そのまま店長になってからも続けてしまっていました。

たとえば、デイリーの目標達成をせずに帰ってきたら叱咤《しった》。なかなかシビアな言葉も使っていましたし、態度も悪く、感情を出したマネジメントをしていました。恥ずかしながら、それ以外のマネジメント方法を知ろうともしなかったのです。

その状態でも、なんとか5年間は店舗運営をしましたが、年々疲弊《ひへい》していき、ほぼうつ状態の日々が続きます。

店長といえども中間管理職。自分の上司からはノルマ達成の催促《さいそく》がありますし、部下の育成も思うようにいきません。上司と部下に挟まれて日々メンタルも削られるなか、毎日朝8時台に出社し夜中の1時、2時に帰宅。睡眠不足が続き、身体もボロボロになりました。

ついに独立へ

このままでいいのかと考える日々。

そんななか、あるとき上司の年収を知る機会がありました。毎日の長時間労働とノルマで、自分以上に疲弊している中間管理職の上司。ストレスフルなのは見てもわかる状態でした。

そんな彼の年収が、どう考えても会社の売上規模に比べて、見合っていないと感じたのです。

このことがきっかけで、２０１７年に独立の道を選択しました。

しかし、ここからがさらに大変だったのです。

まとめ・その⑰

人生、楽あれば苦あり。まさに好事魔多《こうじまおお》し。

大手の看板を外したら……

本当の営業力とは？

僕は、前職ではそれなりの成績を収めていました。ありがたいことにお客様にも恵まれ、紹介も数多くいただきました。そんな経験から「独立すれば、お客様が自然と来てくれるだろう」と楽観的な期待をいだいていたのが正直な話です。

しかし、現実は甘くありませんでした。独立してみると、かつての名声や実績はまったく意味をなさず、仕事の依頼はゼロ。しかも、そんな状況が数か月も続いたのです。

それもそのはず。

なぜなら、僕の経験してきた「営業」は、「大手」という認知度・信頼度を看板にして、コールセンターが先にＴＥＬアポで約束をとりつけてくれた方にお会いして営業するという流れだったのです。

独立すればもちろんコールセンターはありません。まずは、お客様を探すところからスタートしなければならないのです。しかも、大手がもつ〈ブランド力〉も〈認知度〉も〈信用力〉もない状態です。本当に驚くほどお客様は来ず、仕事のない日々が続きました。

大手企業の看板がない僕は、無名で無力な存在だったのだと、独立してはじめて気づかされたのです。

また、旗艦店の店長をしていた経験もあって、

「自分は業界の知識や経験も豊富だし、それなりに仕事ができる」

と思っていました。

車業界の酸《す》いも甘いも味わってきたことで、なんでもわかっていたつもりだったのです。

しかし、恥ずかしいことに僕は「営業」以外をなにも知らなかったのです。10年以上業界に関わっていたにもかかわらず、車の売買に付随《ふずい》するその他の業務をまったく知らなかったし、知ろうともしてこなかったことに気づかされました。

分業のタコツボから脱して

大手企業では人材も豊富なので、完全に〈分業制〉になります。

たとえば、営業をする人、整備をする人、名義変更書類の準備や手続きをする人、販売に関わるいろいろな経費を計算してくれる人。

これらは部署が別々に分かれていますし、マーケティングをしてくれる人たちもいれば、店舗の掃除をしてくれる人たちもいます。アルバイト、派遣、社員含めて膨大な人数で仕事をしているのですから、当たり前の話かもしれません。

完全分業制という、いわばタコツボのような世界に安住していたわけです。

しかし独立すると、なにからなにまですべて自分ひとりでおこなわなければなりません。

文房具やコピー機、名刺や電話なども自分で用意しなければならないし、事務所のトイレ掃除も、もちろん自分です。

営業も、事務も、数字の計算も、全部自分。

これに気づいたとき、僕は本当に衝撃を受けました。大手で売上をあげて鼻を高くしていた自分がとても恥ずかしくなったのです。

転機と教訓

前職では「営業」と「マネジメント」以外は他部署に頼っていたため、じつは中古車売買のイロハも知らなかったことに気づかされました。どの書類がいつまでに必要で、どこにどんなタイミングで出すのか？　積極的に知ろうともしてこなかったことに気づき、自分の経験がとても浅かったのだと痛感しました。

そんな挫折《ざせつ》感をかかえながらもお客様はゼロなので、貯金がどんどん減っていく日々。このままでは本当にまずい！　と思い、前職の同僚に頭を下げて、中古車の研磨を手伝わせてもらうこととなりました。その仕事でなんとか一時、食いつなぐことができました。

そのような厳しい状況下で、転機が訪れました。

それは中古車業界の先輩との出会いです。彼は、どうやったらこの業界で生き抜いていくことができるのか？　その成功の秘訣や業務のコツを惜しみなく教えてくれ、いろいろな現場にも連れて行ってくれたのです。

彼のもとで学び、実践するなかで、僕の知識や経験が業界全体の一部にしかすぎなかったことを、あらためて認識しました。そして、それまでのプライドを捨て、ゼロから学び、成長する姿勢を持つことの大切さを学んだのです。

その後も、もちろん順風満帆《じゅんぷうまんぱん》というわけではありません。いろいろなトラブルや失敗もくり返し、遠回りも寄り道もたくさんしながら試行錯誤して、なんとかやってきました。

不安は当然のことながら感じていましたが、しかし、

「もし本当にダメだったら、アルバイトで生計を立てればいい」

という考えが背中を押してくれました。

それは今でも僕の根底にあります。だからこそ、失敗を怖がらずに挑戦し続けることができたのかもしれません。

まとめ・その⑱

失敗を怖がると、先に進めなくなる。

会社設立へ

自分から出向くスタイル

二〇二〇年、僕は現在の会社、株式会社Ｂｕｌｌ《ブル》を設立しました。

会社設立というと、カッコいいオフィスに充分な資本金で、華々《はなばな》しくスタートするイメージを持つ方も多いのではないでしょうか？

しかし、僕の場合はそのようなイメージと真逆。最初から波乱万丈のスタートでした。

会社設立後はお金がなく資金面が厳しかったため、プレハブ小屋のような場所を事務所にしました。住宅街の真ん中にあったので、かなり悪目立ちします（笑）。「ここに来てもらうのはあまりにも恥ずかしい」と思う日々が続き、せっかくオープンしたにもかかわらず、なかなかお客様を呼ぶことができませんでした。

そこで思いついたのが、店舗を中心とした来店型の店舗営業ではなく、直接お客様のもとへ足を運ぶ「訪問営業スタイル」だったのです。

さらに当時は手持ち資金がなかったため、在庫を複数持つことができません。仕入れ資金もなければ、仕入れした車を保管・維持していくランニングコストも厳しい状態でした。

一般的な中古車屋さんであれば、お店に多くの車をズラッと並べて、「いらっしゃいませ！」というスタイルで商売をしていきます。しかし、僕にはそのような状況をつくり出すだけの資金的な余裕がありませんでした。

しかし、この状況こそが、今の「在庫をほとんど持たない」というビジネスモデルを生み出すきっかけとなったのです。

これはいわゆる「受注販売」にも近いのですが、

「お客様のもとへ〈おうかがい〉し、〈オーダー〉をうかがってから〈仕入れ〉をして〈整備〉をして〈納車〉する」

というビジネスモデルです。

このスタイルであれば、在庫を大量に仕入れるイニシャルコストもかからなければ、維持管理していくランニングコストも最低限に抑《おさ》えられます。よって、僕のような資金が厳しい状況下では、ひじょうに適している方法でした。

損益ラインを下げてノルマをなくす

さらに、この方法で営業活動をするようになって、さまざまなメリットにも気づかされました。ランニングコストが低いというだけでも、たくさんの良い点があるのです。

たとえば、売上目標。店舗を土地代の高い場所に出店し、美しく維持管理する必要がありません。在庫にかかる費用も少ないので「最低○○台は販売しないと利益が出ない」というボーダーラインも圧倒的に低く設定できます。

また、**無理な売上目標やノルマを持たなくていい**ことから心に余裕ができ、一人ひとりのお客様にゆっくり時間をかけることができます。僕は受注時の「ヒアリング」にしっかりと時間をとることを心がけているのですが、それができるのも、こうした固定費が低いからこそ。

そして、それは自社のスタッフにも同じことが言えます。

サステナブルな働き方

僕は、前職で激しいノルマによるストレスをつねにかかえて、うつ状態になりかけていました。そしてストレスフルな仲間たちもたくさん見てきました。上司からも数字を詰められるなかで、部下に動いてもらい、数字をあげ続けるのは並大抵のことではありません。

しかし今にして思えば、大手企業は、美しく管理された店舗と、在庫を管理し続けながら、大量の社員をかかえ、そこに毎月それなりのお給料を払って雇用を維持していかなければなりません。世間やステークホルダーたちの意見も大事にしつつ、四方八方にコミットし続けるというのは、とてもプレッシャーがかかることだと思います。

そんな大手の看板を背負っているからこそ、小回りは利《き》かなくなるし、ノルマは厳しくなります。

そんな状態で、本当にお客様のために心から接客するというのは難しく、できたとしても、ひとりのお客様にかけられる時間が少なくなるのは致し方ないことでしょう。

僕は前職でその経験をしたことで、「もっと一人ひとりとしっかり向き合える、大手にはできないサービスをしよう!」と思って独立をしました。売上や利益よりも「お客様中心の仕事」をして、「みんなが楽しく働ける環境」をつくりたいと考えていたのです。

この発想は甘いと言われればそれまでですが、現在のビジネスモデルにより経営面での安定感は増し、なにより心の余裕も生まれ、休みも自由にとれて笑顔が飛び交う職場になりました。

会社設立当時のマイナスからこのビジネスモデルに偶然いたったわけですが、まさに「災いを転じて福となす」だなと感じています。

まとめ・その⑲

かつての苦労が今の成功につながった……といえる幸せ。

小回りの利くサービスを

お客様の「多様なニーズ」に商機を見出す

僕は大手にいた経験から、「大手にはできないサービス」を実現させたいと考えていました。その一つが、「小回りの利《き》く営業活動とお客様対応」です。

大手では組織が大きいため、現場では効率化や生産性、スピードが重要になります。ブランドや認知力はありますが、お客様一人ひとりにかける時間はどうしても少なくなってしまうのが実情。そこで、小さな会社の経営者である僕は、そのメリットを最大限に活かそうと考えたのです。

たとえば、お客様一人ひとりにしっかり時間をかけて丁寧に対応すること。画一的《かくいってき》ではなく、それぞれのお客様のライフスタイルやご要望にあったサービスを、いわばオーダーメイドのように提供しているのです。

たとえば、受注の際のヒアリング。前にもふれましたが、お客様の多くは「コレが欲しい！」という明確なニーズがあるわけではなく、「今より良くなるといいな」といった状態で車を探しています。お客様によっては欲しい車が1日では決まらないケースもあるので、そういう方にはゆっくり時間をとって決めていただきます。

また、名義変更の書類も同じ。中古車の売買は、お客様側が準備しなければならない書類が多々あります。多くの中古車販売店は、それをお客様に依頼します。しかし、役所は平日しか開いていないので、忙しい方はなかなか書類を受け取りにいけないのが実情です。

そこで、委任状をいただき、ご依頼があればできる限り僕たちが対応する、というサービスを展開。これは忙しい方々にとても喜んでいただいています。

整備士の常駐で信頼関係をじっくり構築

そして、僕が最もこだわっているのが「整備」の部分です。整備をして販売するというのは、コストがかかり利益を圧縮してしまいます。よって多くの中古車販売店、とくに中小企業であればあるほど、これをやらずに「現状販売」をしているのです。

この整備もしっかり対応できるように、僕の会社では「整備士」を常駐させました。多くの中古車販売店は整備を外注、もしくは対応しないという判断をしています。だからこそ差別化できると考えましたし、なによりも「きちんと整えた車を納品する」ほうが商売として気持ちが良いのです。

また、整備士を常駐させたことで仕事の幅が広がりました。車の売買だけではなく、メンテナンスやアフターケア、車検など、車のトータルサポートができるようになったのです。

現在、従業員は5名。この5名で創業から3年で年商1億円を突破することができたのも、こうした工夫があったからではないかと思います。

もちろん、これはただの数字にしかすぎません。それよりも、自分たちが築いてきたお客様との信頼関係や、従業員どうしの連携こそが、真の成果だと考えています。

まとめ・その⑳

数字よりも大事なものがある、って本当です。

広告費に頼る車業界

未来への危機感

僕の会社のキャッチフレーズは、「お客様の車の〝はじめまして〟から〝さようなら〟まで、車の生涯をトータルサポートする中古車屋さん」です。これまでお伝えしてきた車の売買が中心ですが、それ以外にもアフターメンテナンス等の仕事をうけたまわっています。

他社で買った車でもOK。「車に不具合があるので診《み》てほしい」というご注文もうけたまわりますし、車検はもちろん、車の故障やオイル交換などのこまごましたアフターケアも受けています。また、万が一トラブルがあった場合は、当社のレッカー車で現場に急行。自社でレンタカーを手配し、お客様がいつもどおり生活できるように努めるなどのサポートをしています。

こうした地道なサービスが実を結び、たくさんのお客様に出会うことができました。

ここまで支えてくれたお客様を大切にし、そして従業員たちが安心して暮らせるような会社にすべく日々邁進《まいしん》しています。

しかし、正直なところ僕は危機感を感じています。いまだ多くの中古車販売店は、自社にズラッと車を並べ、お客様を待っています。お客様が来なければ、何万円も何十万円もお金をかけて広告を出しますし、その間は在庫の車が劣化《れっか》しないように、保管をし続けるというのが主流です。

これまでお伝えしてきたように、車のニーズはとても高く、黙っていても売れる状態が続いています。だからこそ、未来を見据えた営業努力が弱い企業も散見されるのです。

人脈という財産

現状は、広告費をかければかけるほどに売れるという状況です。

いわば**広告に営業をアウトソースしている**ということですね。

もちろん広告は、事業を拡大するにはとても良い方法の一つです。しかし、広告費はかなりのランニングコストがかかります。

こうした「コストをかけないと集客できない」という状況は、いずれ限界がきます。

その危機を身をもって体験したのが、今回の新型コロナウイルスでした。

これからの日本の人口は、明らかに減少していきます。

これから10年、20年先は、中古車業界もパイの取り合いになっていく可能性があります。

また、気候変動や災害によって、未曾有《みぞう》の事態がいつ再来するかもわかりません。

そうしたピンチのときに大事なのは、広告による集客力ではなく「人脈」や「人とのつながり」。もっと言ってしまえば「ファンづくり」なのです。

「**なにを買うか**ではない、**誰から買うか**が大事だ」とか、「**買い物は投票**だ」と言われている時代。

この車業界は、今まで高いニーズがあったからこそ、そこの部分での営業努力をしてこなかったケースがあります。

だからこそ、僕は個人が「中古車せどりビジネス」で参入しても充分に勝てると信じているのです。

そこで今度は、僕が意識的にしてきた「人とつながり、信頼される営業方法」についてお伝えしていきたいと思います。

まとめ・その㉑

加速する時代に、頼るべきは広告か、考えよう。

営業で最も大事なことは「信頼関係」

大きな買い物にこそ必要なもの

質の良い商品やサービスをつくり出し、価格をできるだけ安くして、広告を打てば売れる……。

これは昭和・平成の成功法則でした。しかし令和の今は、モノやサービスが飽和《ほうわ》状態になっています。

中古車業界も同じようなサービスが並び、同じような広告が並んでいて、正直なところ消費者からみれば「どれもあまり変わらない」という状況でしょう。

こうした時代では、「良い商品を扱っているから選ばれる」わけでもなければ、「安い商品を扱っているから売れる」わけでもありません。

それに、中古車の仕入れ値は、じつはどの店舗もほとんど変わらないのです。
だとすれば、お客様にとってなにが一番の決め手になるのでしょうか?

その答えは「信頼関係」。
お客様との「信頼関係」ができているかどうかが鍵となるのです。

当たり前だと思われるかもしれませんが、こと中古車に関しては、とくにここが求められます。

その理由は大きく2つ。
まず、「中古という商品」であること。
そして「高額商品」であることです。

中古の商品を購入する際に、お客様が最も心配する点はなにか。おそらく「すぐ壊れたらどうしよう?」ということだと思います。
ほかにも「中古」という商品の特性上、それぞれの車が持つ状態や歴史などがあるため、新品では考えなくてもいいような不安要素が多々あります。

しかも、車はただの移動手段ではなく、走行中の命の安全を守るものでもあります。故障や事故のリスクを抑《おさ》えるためにも、信頼できる業者から買いたいのが本音です。

よって、僕たちは新車を扱うディーラー以上に「信頼関係」を大事にしなければ、事業の繁栄は難しいと言えるでしょう。


そして、「高額商品」という特性上、お客様とのさらなる信頼関係が求められます。

たとえば、みなさんがふだん使っているモノやサービスで、担当営業の顔を覚えているという商品はいったいどれだけあるでしょうか。

おそらく、高いお値段のものであればあるほど、担当営業とのエピソードを覚えているのではないかと思います。

長く余韻を残す「購入体験」の記憶

例を挙げれば、家や保険、その他金融商品など。

エアコンや冷蔵庫、洗濯機、テレビなどの高額家電。

じつはチリツモの高額商品であるスマートフォンや携帯電話会社。靴や洋服も、特別なものであればあるほど、営業担当である店員さんとの会話や、購入時のシーンを覚えているかと思います。

じつは「高額商品」は、「モノ」としてだけではなく、「購入体験」そのものが記憶に残ります。

これをマーケティング用語では「**カスタマーエクスペリエンス**」とも言いますが、購入の前後すべてのプロセスを含めて、人は記憶するのです。

販売側との信頼関係ができて購入した高額商品は、とても「満足のいく買い物」になり、お客様の心に残ります。

ということは、信頼関係ができていないと、どうなるのか……想像はつきますよね。

昨今は「決断疲れ」という言葉も出てきましたが、多くの人は「決断」が苦手です。

とくに高額な商品を購入するときは、ふだんの「決断」よりも多くのストレスがかかるのです。

そんなときに、イラッとさせられる営業や、自分のことをしゃべりすぎる営業だったら、「もういいや」となってしまいますよね。

「営業担当は苦手だけど、商材が良いから」という理由で購入を決めたとしても、イヤな営業マンから購入すると、そのイヤな思いがお客様の記憶に残り続けてしまいます（家の購入で、不動産営業が苦手だったという方は多いですよね……）。

ここでお客様がクレームを言ってくだされば、自分たちも気づくチャンスがあります。

しかし残念ながら、信頼関係が構築できなかったお客様は、「なにがイヤだったか」はけっして言ってくれません。

ただの「スルー」になってしまいます。

これが痛い！

なぜかといえば、改善ポイントが見つかりませんし、そのため自社の営業品質を反省する機会もなくなってしまうからです。

いわば裸の王様状態でビジネスを続けていってしまい、取り返しのかないところまでいってしまうのです。

そのうえ、イヤな印象をいだいたお客様は、信頼関係がないので、次にリピートすることも、新たなお客様を紹介してくださることもないでしょう。

これも痛い。

かなりの機会損失になってしまいます。なぜなら車という商品は、購入後こそ長くおつきあいしていくものだからです。

誠実さを踏みにじった事件

車の購入後は、アフターメンテナンスという仕事があります。

オイル交換に冬用タイヤの装着、2年に1度の車検。

さらに7年に1度は買い替えが発生します。

つまり「信頼関係」があれば必ずリピートをしてくださいますし、クチコミやご紹介もいただけます。

前述のとおり、車は「1.6人に1台」持たれている商品です。ひとりのお客様の向こう側には、その方のご家族や大切な友人、同僚など、潜在的にお客様になりうる人たちの広がりがあるわけです。

また、車の売買というのは「書類手続き」が多めです。個人情報も扱いますし、車を買う理由・売る理由はプライベートなものが多いです。自分がお客様の立場であれば、やはり「信頼できる人に任せたい」となるのではないでしょうか。

つまり、長く続けるために、最も大事なのは「信頼関係」なのです。


「信頼関係」は「誠実さ」とも言い換えられると思います。

昨今、中古車業界のとある会社が信頼を失う事件がありました。

こうした出来事は自動車業界だけではなく、さまざまな業界・業種で起きていて、次々と明るみに出ています。

「誠実さ」よりも利益や保身を優先させた小さな決断が積み重なり、習慣となっていったのでしょう。


ただ、大手企業ではまだ挽回《ばんかい》の余地があります。これまでだって、不正があった会社が反省して生き残ってきたケースは多々あります。

しかし僕たちのような中小企業で、しかも地域に根ざしたビジネスでは、ひとたび信頼を失墜《しっつい》すれば、一気に倒産までいくのです。

何度でも言いますが、成功するカギとなるのは「営業」、そして事業が末長く繁栄していくために最も大事なのは「信頼関係」です。

ビジネスだけではなく、人生も同じでしょう。これが長期的な繁栄や豊かさをもたらし、経営の基盤になっていくのです。

まとめ・その㉒

築くのに時間がかかる「信頼」――くずれるときは一瞬。

信頼される人間関係の拡げ方

潜在顧客のリストを作成しよう

信頼関係の重要性についてお伝えしたところで、では実際に、どうやって人間関係を拡《ひろ》げ、潜在的なお客様やパートナーを増やしていけばいいのかを、より具体的にお伝えしていきます。

車は日常の移動手段やライフスタイルを彩《いろど》るアイテムとして、多くの人に欠かせないものです。今すでに車を持っている人も数年後には買い替えますし、両親や兄弟、祖父母や親戚、子どもたちなど、お客様だけでなくお客様の関係者全員が潜在的なお客様になりえます。

私たちの日常には、意識していないだけで、多くの人脈が存在します。

その人脈を活かすためにも、まずは自分の関係しているネットワークをしっかり整理してみましょう。

名前や趣味、仕事、関係性などもメモして一覧表にしてみるのもよいでしょう。意外に、自分のもっている人脈は広かったのだとびっくりするかもしれません。

そのリストからビジネスチャンスやヒントも見えてきます。

ぜひやってみてくださいね。

もちろん、家族や友人知人などではなく、新しい関係性をつくってビジネスをはじめていきたいという方も多いでしょう。

そんなときは、**新しい人脈をつくりに外へ出かけていく**というのがポイントです。

趣味でつながる・広がる

趣味のサークルやコミュニティは、新しい人たちとの出会いの場として、とても有効です。

たとえば、草野球チームやゴルフ仲間といったスポーツ関係。声楽や楽器などの音楽関係や、アート、映画、麻雀、アニメなど、さまざまなジャンルのサークルが存在します。

自分と同じ趣味を持っている人が集まっている場所であれば、自分も気兼ねなく楽しめますし、自然と信頼関係が築かれます。

初対面でも話が弾《はず》みやすいのもポイントです。

ご自身にマニアックな趣味やニッチな趣味があれば、それもぜひ前面に出していきましょう。

なぜかといえば、最初から信頼感が芽生えやすいからです。

私の知人でも「スペインワインの会」や「スポーツカー愛好家の会」などからご縁ができて、ビジネスだけでなく結婚にまでつながったケースを耳にしたことがあります。

同じ共通言語があると、仲良くなりやすいですね。

ジム仲間やゴルフ仲間も

また、スポーツジムやフィットネスクラブも新しい人脈を築くには有効です。

とくに高級なジムやクラブは、多くの経営者や起業家、マダムたちが利用しています。

そこで交流を深め、新しいビジネスの機会を見つけることができるかもしれません。

経営者と出会うにはゴルフもおすすめです。

ゴルフはエグゼクティブなビジネスパーソンのあいだでは、人間関係を深めるためのツールとしても使われています。

半日から1日かけて、いっしょにプレイすることで、相手の性格や考え方、価値観を深く知ることができます。

ゴルフを通して築かれる人間関係や信頼関係は、あとあと大きな財産となることも多いです。

もちろん、人脈を築くうえで大事なのは、ただ知り合いの数を増やすことだけではありません。

真摯《しんし》な態度でつねに相手を尊重し、長期的な信頼関係を築くことが最も重要なのです。短期的な利益は追わず、長い時間をかけて相手との関係を深めましょう。

そして、人脈の質を高めるには、まず、みずからが信頼できる人物であることが前提となります。

誠実に対応し、約束を守り、あいさつをしっかりし、相手の意見や立場を尊重する姿勢を持つことが大切です。

ビジネスやプライベートで、人はつねに相手を観察しています。よって、日常のこまやかな態度や言動が自分の評価を左右することを意識することも必要です。

やっぱり傾聴力が大事

また、人脈を拡げるうえで最も大切なのがコミュニケーション能力です。

ここでいうコミュニケーション能力は、スピーチ力というよりも、「相手の話を聴く力」。

うまくいっている経営者や営業担当はみな、この「聴く力」をもっています。

仕事やプライベートでも「傾聴力」は必ず役立つスキルです。

本や講座などで学ぶこともできるので、自己投資としてもオススメです。

そして、人との関係を長続きさせるためには、定期的なフォローアップやコンタクトも重要です。

ランチや食事会、特別な日のあいさつや情報共有など、小さな気配りが大きな信頼を生みます。

人脈を築くことは短期間でできることではありませんが、こうして育《はぐく》まれた人間関係は単なる取引先やお客様としてだけの関係ではなく、一生の仲間、財産になることも多々あります。

あせらずゆっくり、しかし確実に信頼を構築し、自身の人脈を拡げていきましょう。

まとめ・その㉓

人脈とは、その「量」より「質」が問われるもの。

即効性のある人脈づくり

ビジネス交流会に足を運んでみよう

豊かな人間関係をつくるには、「目先の利益を追わずに信頼関係をゆっくりと育むこと」が大事だとお伝えしました。

しかし、成功している人たちの背後には、よりビジネスに直結した人脈のつくり方も存在します。それは、「自分の仕事を紹介し合う」という「ビジネスのコミュニティ」への参加です。

たとえば、先に挙げたような趣味のコミュニティでは、自分の職業を最初から伝えるということはあまりしません。

しかし、ビジネスコミュニティであれば、ビジネスをしていることが前提なので、はじめからオープンにできるのです。

コミュニティによりますが、多くの場合は月例の会合を設けています。

会費制で参加するものもあれば、スポットで参加できるものもあります。

よって、まずはスポットで参加できるビジネス交流会に足を運んでみましょう。

そこでは自分がどんなビジネスや副業をしているかを話すことができるので、潜在的なお客様に出会える確率が高くなります。

スポットで参加できる交流会には、たとえばこんな種類があります。

・異業種交流会　・ビジネス交流会　・ビジネスマッチング　・名刺交換会
・朝活　・セミナー　・勉強会　・各種イベント

また、日本は中小企業大国です。

よって、多くの経営者たちは継続的に参加できる、さまざまなコミュニティに所属し、お互いをサポートし合っています。


たとえば、このようなコミュニティがあります。

・青年商工会議所　・商工会、商工会議所　・ライオンズクラブ
・ロータリークラブ　・BNI 等

大手の会社に勤めている場合は、営業やマーケティングも分業制で、その部署や担当が自社のサービス・商品を広めてくれるでしょう。

しかし、自分がいざビジネスを立ち上げるとなった場合は、その営業宣伝活動の役割も、自分で果たさなければなりません。

独立して働く人々、とくに経営者や士業、個人事業主、フリーランスは、こうしたコミュニティで積極的に人脈づくりをし、横の関係を築いています。

テイカーからギバーへ変身しよう

そしてもちろん、ここでも大事なのは「信頼関係」です。

信頼関係なしに自分を売り込んでしまったり、利益ばかり追求してしまったりする人のことを**テイカー**と言いますが、テイカー気質の人はコミュニティからも嫌われてしまいます。

一方、助け合いの精神をもって他者をサポートし、相互に支え合う人を**ギバー**と言います。

ギバーとしての行動を積み重ねれば、自然と人が助けてくれ、応援してくれます。

これにより中長期的に信頼を築きあげ、より強い信頼関係で結ばれた人脈をつくりあげることができるでしょう。

どのようなコミュニティやグループに参加するかは、みなさんがどの程度副業をしていきたいかで変わるかと思います。

ただ、こういった場所で出会う人脈はとても刺激的で、勉強になることでしょう。自己投資の一環として加入してみるのも、とても素晴らしい経験になること間違いなしです。

まとめ・その㉔

〈ギバー〉になれ。与える人のまわりに人が集まる。

王道は「紹介営業」

相手に警戒心をいだかせない「ご紹介」

書店のビジネス書コーナーで「営業術」に関する本を覗《のぞ》いてみると、必ずといっていいほど「紹介営業」に関する本が並んでいます。

「紹介営業」とは既存のお客様から新規のお客様をご紹介してもらう方法で、最近では「**リファーラル営業**」とも言います。これは今も昔も変わらない、トップセールスマンたちの至高の営業術です。

ではなぜ、「紹介営業」が最高のスキルなのでしょうか。

この答えもまた「信頼関係」です。

僕たちがはじめてお客様と出会うとき、お客様は多少なりとも警戒心を持っています。

みなさんも経験があると思いますが、アパレルのお店などで、ただ自分のペースで覗《のぞ》いてみたいだけなのに、

「いらっしゃいませ!」

「なにかお探しですか?」

と言われ、瞬間的に「イヤだな…」と思ったことはありませんか?

これが、まだなにも信頼関係が構築されていない状態で、営業を受けた場合の心理状況です。

しかし、信頼関係が構築されている既存のお客様からのご紹介となれば、最初から安心した場での商談になります。紹介してくれた方の話題で盛りあがることもできますし、成約率も高くなります。

そして、競合他社との価格勝負になりくいのも特徴です。「紹介をされ続ける状態」をつくれば、ビジネスは安定し、拡大し続けていくことができるのです。

保険のトップセールスマンは、この「紹介営業」を極《きわ》めている人が多いです。

僕の友人である上實貴一《かみざねたかかず》さんという方も、この手法を極め、保険業界における上位の0・01％にランキングされる成績を残しています。

その上實さんがつい最近上梓された『ず〜っとつながる紹介営業』（すばる舎）というご著書があるのですが、とても参考になるので、ぜひ読んでみてくださいね。

では、いったい、どんなことをすれば「紹介営業」が上手に回っていくのでしょうか。

じつは、「在《あ》り方」と「テクニック」の両方が必要になるのが「紹介営業」なのです。

まずは「在り方」から考えていきます。

「在り方」とは「人間力」や「人間的な魅力」「人柄」と言ってもいいでしょう。「つい応援したくなる存在」と言い換えてもいいかもしれません。

「在り方」は、使う言葉や仕草、話し方、表情、声の柔らかさなど非言語の部分で伝わります。どれだけ話上手でも、その人が上《うわ》っ面《つら》で話しているのかどうかは、なんとなくカンでわかりますよね（笑）。

これは一朝一夕《いっちょういっせき》には身につかないものですが、年単位の努力で必ず変わります。人脈の拡げ方でもお伝えしたように、ギバーの精神で信頼を積み重ねていきましょう。

そして、紹介されやすい人物になるためのテクニックというものは、たしかに存在します。たとえば、他人が紹介しやすいような「キャッチコピー」をつくっておくことです。

キャラを立たせる紹介

一例として、次のようなキャッチコピーによる紹介。どちらの田中さんの印象が強くなるでしょうか?

A案「ダイエット・トレーナーをしている田中さんをご紹介します」

B案「45歳以上の忙しいビジネスマン向けに、お酒を飲み続けても痩《や》せられるダイエットを教えている田中さんをご紹介します」

おそらく多くの方がB案を選択するのではないかと思います。

このように、お客様が僕たちを記憶しやすく、紹介しやすくするキャッチコピーを常日頃から準備しておくことが大事です。

また、お客様からどういったキーワードで「紹介」されているのかを研究するのもコツです。

自分は「知識が豊富な人」と言われて紹介が出ていると思ったら、実際は「笑顔が良かったから」などと、ぜんぜんちがうキーワードでご紹介をされているケースは多々あります。

自分の理想と、現実の紹介のされ方にギャップがあると「紹介営業」はうまくいきません。

お客様が自分をどんな言葉で解説し、相手に伝えているのか？

その生の声を拾《ひろ》うことも大切です。

紹介スキルは「得手・不得手」の差も大きい

そして、じつはこの「紹介する」というスキルは、誰もができることではありません。

たとえば、みなさんは人やモノやサービスを、誰かに「紹介」したことがあるでしょうか。

紹介が得意な人は、それが当たり前すぎて「特技」だという認識もないはずです。しかしこの「紹介」スキルは簡単なようで難しく、得意な人と苦手な人に大きく別れるのも特徴です。

「今まで一度も人になにかを紹介したことがない」という方もいらっしゃいますし、「自分ではその商品を買ってもいないのに、どんどん紹介をすることができる」という方もいます。

紹介を一度も出したことがない方に、いくらご紹介を頼んでも難しいのが実情です。

つまり、**その方が「紹介スキルがある人かどうか?」を見きわめる**のも、じつは大事なポイントなのです。

まとめ・その㉕

「ご紹介」の相乗効果&連鎖反応にあずかろう。

紹介をすることが大好きな人たちは？

話題の引き出しが豊かな女性

では「紹介」が好きな人たちとは、いったい、どこにいるのでしょうか？

まず最も「クチコミ」が盛んでお見事なのは「女性」です。

僕は現在アラフォーですが、男性どうしが集まると、どうしても「ビジネスの話」が中心になります。あるいは、アラフォー世代にありがちな「健康やダイエットの話」「趣味の話」になることが多いです。

しかし女性は、僕たちとは異なる会話をしています。男性に比べて圧倒的にトークの幅が広いのです。

たとえば、お子さんやご主人をはじめとした家族の話題。

最近食べた、美味《おい》しかったものや、がっかりだったもの。

近所のスーパーや飲食店のオススメなど、「生活に根ざしたもの」のトークがくり広げられているのです。

もしここで「子どもの成長に合わせたファミリーカーを提案してくれて、思ったよりも安く買えたの」という会話になったのなら、それは確実にクチコミにつながります。

「売れないと思っていたボロボロの車を買い取ってもらえた!」というのもクチコミになります。

こういった女性たちの特性を理解すれば、効果的にクチコミやご紹介をいただくことも可能になります。

たとえば、お友達が多そうなママさんに、

「同じような年齢のお子さんがいるご家族や、買い替えを検討されている方がいましたら、ぜひご紹介いただけると嬉しいです」

とお伝えします。

紹介特典などをつけるのもよいでしょう。ショップカードやインスタグラムなどでクチコミやご紹介をいただくのも強力な営業方法になります。

成功している士業の先生や保険外交員に学ぶ

また一方で、ビジネスにおける「紹介」が文化として根づいている業種も存在します。

その代表例は、いわゆる士業の方々でしょう。

司法書士、弁護士、税理士といった専門職の方々は、彼ら自体のビジネスもご紹介で成立している部分があり、喜んで人を紹介してくれます。

そして、みなさんも車のビジネスをやるうえでは、名義変更などを依頼できる行政書士や、交通事故を相談できる弁護士などとつながっていれば安心です。

いざというときにお客様に安心してご紹介できるよう、こういった士業の方々とのご縁は大切にしていきましょう。

生命保険や損害保険などのセールスパーソンも同じく顔が広く、喜んで人と人をつないでくれます。

とくに個人・法人のお客様のライフプランニングの相談にしっかり乗っている人であ

れば、彼らのお客様が現在なんの車に乗っていて、何年後に買い替えのタイミングがくるかまで把握をしています。

そのお客様が車を賢く買うことができれば、僕も、そのお客様も、保険のセールスパーソンも、全員がWin－Winになります。

こうした世界をいっしょに構築できる同志と出会うことができれば、経営も安定しますし、ビジネスの成功確率も飛躍的に高まるでしょう。

知る人ぞ知るインフルエンサーはどこに？

そして最後に、昨今では「オンライン上で影響力のある人」も重要です。

フォロワーが1万人以上いるインフルエンサーに限った話ではなく、フォロワーがたとえ200人だったとしても、しっかりと人間関係を構築している人であれば、「この人が言うのなら」といってご紹介が出るケースも多々あるのです。

僕の友人にも、SNSに感想を投稿して、何名ものご紹介を出すことができる女性たちがいます。

彼女たちのフォロワーは１０００名弱。しかし薄い関係ではなく、とても**濃いリアルな関係の人数**がつながっているので、こういうことが起きるのだそうです。

最近では**一見インドア派なのに、インターネットの世界では有名人**といった人もいます。

ご紹介をいただけそうな方に、つねにアンテナを張っておくことも大事だと言えるでしょう。

まとめ・その㉖

いざというときに役立つ「濃い人脈」をつくろう。

第4章
副業から年商1億円を目指すセカンドステップ

事務所を構えてお客様を接客しよう！

副業を〝卒業〟するタイミング

中古車せどりに慣れてくると、「もう少し事業を拡大したい」「もっと稼《かせ》いでみたい」あるいは「より多くのお客様にこの中古の良さを知ってほしい」というようなことを思うようになってきます。

そういった感情が出てきたら、ステージアップのチャンスかもしれません。単なる「副業」で終わらせずに、年商1000万円から3000万円、さらには1億円の大台へとステップアップしていきましょう。

そのためのコツをご紹介します。

自宅での中古車せどりビジネスが順調に進んできたら、開業届を出して事務所を開いてみましょう。

副業の段階では、事務所はランニングコストがかかるため不要としていましたが、事業を拡大するうえでは事務所というハコは重要なファクターになってきます。

事務所を構えると、こんな良いことが……

事務所を置く最大のメリットは、お客様の信頼感をより高められること。

今はオンラインでの面談や商談も増えてはきましたが、やはりまだリアルに会って商談をしたいという方は多いもの。とくにご年配の方であればあるほど、そのニーズは高まります。ご自宅におうかがいすればもちろん喜ばれますが、家に来てほしくないという方も一定数いらっしゃいます。よって、事務所に素敵な商談スペース、応接スペースを設けましょう。

この商談スペースはスタッフにアドバイスをもらうことも有効です。トイレや応接室、荷物カゴ、ドリンク、メニューの見せ方などチェックしてもらうと、自分の常識の枠《わく》を超えた視点が得られます。

また、中古車業界はまだまだ男性視点が主流。女性のお客様も男性のお客様より少ないので、そういう意味では女性に寄り添った空間づくりを意識するのも、他社と一線を画せる大きな差別化のチャンスとなりえます。

事務所に個性やポリシーがあらわれる

事務所をつくるもうひとつのメリットは、自分を含めたチームの色が出やすいことです。

社長ひとりが頑張って到達できる世界は「年商数千万円まで」と言われています。年商1億ともなると、スタッフたちに頼りながら進めていくことが増えてきます。

そういったときに事務所があれば、スタッフも出勤ができますし、コミュニケーションをとる機会も増えます。

積極的な意見交換は、アイディアや改善策を生まれやすくし、業務全体の生産性もあがります。

さらに、事務所の有無やイメージが採用活動にも直結します。働く環境が良ければ、人は来ます。そしてその人材の定着にもつながるのです。

また、事務所を構えてお仕事をするということは、**その街の顔になる**ということでもあります。

売上があがればその地域の活性化や雇用の創出にもつながります。逆に、ボロボロのお店の状態で運営していると、街の景観にもダメージを与えます（笑）。

企業のCSR活動（社会的責任）が大事だと言われている昨今です。近隣の方へのあいさつはもちろん、「地域に愛されるお店」として、環境活動やボランティア、寄付活動などへの積極的な参加の姿勢も大事になります。

このように、事務所を構えることは、事業拡大をしていくうえで数々のメリットをもたらします。成長を目指すうえでは欠かせないポイントです。

まとめ・その㉗

会社の顔であり、地域の顔にもなりうる事務所。

制服やオリジナルシャツで差をつける

中古イメージを脱却するために

ところで、みなさん、中古車販売店の店員のイメージはどういったものでしょう？オイルなどで汚れた服を着ているイメージや、ツナギを着ているイメージが浮かぶ方も多いのではないでしょうか。

もちろん、「それが職人っぽくてカッコイイ」と言われることもありますが、営業をするうえでは「お客様に不快感を与えない服装」がベターです。

とくに僕たちは中古車を扱うサービス業。「中古」のイメージどおりの服装では、お客様の感動を起こせません。扱っている商材を刷新するようなイメージづくりをすると、それがブランディングにつながります。

制服のブランディングと言えば、某運送会社がわかりやすい例と言えるでしょう。緑を基調にした制服と、青の制服。

会社のイメージカラーを取り入れたあの制服を見れば、彼らがどこの配達会社かすぐにわかります。

僕たちユーザー側も、「ああ、あの服を着ている配達員ならば、大丈夫そうだな」と無意識に思うのです。

そして、そのイメージはお客様の安心感や信頼にもつながります。

これが「ブランドイメージ」です。

おそらくほとんどの中小企業の中古車販売店は、この制服やイメージカラーによる営業効果をあまり意識していないことでしょう。

しかし、だからこそ、他社と差をつけることができるのです。

前職の大手の中古車販売店で感じたことは、やはり大手は「装《よそお》い」がちがうということとです。

たとえば服装のルールがあったり、制服があったりします。

あまりにも尖《とが》った見た目をしていたら注意されますし、先輩たちから王道の装いも教わります。

もちろん、きちっとしたカッコいい服装である必要はありません。「マイナスイメージを与えない」ということが大事なのです。

とはいえ、社員やスタッフをギチギチに縛《しば》りたくないのもありますよね。

そこで提案したいのが、「オリジナルシャツ」「オリジナルつなぎ」などのラフな制服です。

「わが社」意識の向上にも

制服のメリットは、やはりブランディングです。

お客様の記憶に残りやすくなりますし、自分たちの企業理念やブランドイメージをわかりやすく表現できるアイテムにもなります。

また、制服はマネジメントの面でも役立ちます。

たとえば、制服を導入することで、「企業の一員である」という意識が芽生えて社員のチームワークの強化につながります。共通の目標やゴールに向かって働く意欲も芽生えますし、接客態度や業務に対する姿勢も変わるでしょう。社員が一人ひとり誇りをもって働くことにもつながります。

当社では、株式会社Ｂｕｌｌのロゴを入れたツナギを制作。また、オリジナルシャツもつくり、これによって自分たちが「チーム」であることを意識してもらえるように工夫しました。

有名なメラビアンの法則では、コミュニケーションにおいて相手に与える影響は、

視覚情報……55％
聴覚情報……38％
言語情報……7％

だと言います。

視覚情報は半分以上を占めるわけですから、見た目はやっぱり大事だということですね。

オリジナルシャツや制服などを活用して、ブランドイメージの向上に努めましょう。

まとめ・その㉘

一致団結の象徴的なアイテムをとりいれよう。

ハッタリの利く見た目になろう

みだしなみの心得

人は見た目が大事だという話をしましたが、それは洋服以外の部分からも滲《にじ》み出ます。たとえば、表情や話し方、姿勢、目の輝《かがや》きといった「身体」から発せられるもの。そして、身につけたり使ったりする「アイテム」によるものです。

身体は一朝一夕には変えられないかもしれません。しかし、自分でコントロールできるところは整えましょう（僕もダイエットを頑張っています）。

たとえば髪型。眉毛や鼻毛、ヒゲ。商談のとき、意外に指や手の甲の毛も見ている人がいます。不快感を与えない程度に整えておくのがオススメです。僕の経験上、男性だけの職場になると、こういった細部がゆるんでしまいがちです。

可能なら、家族に積極的にチェックしてもらうのもオススメです。

また、「アイテム」によってハッタリを利《き》かせた見た目になることもできます。

たとえば、靴《くつ》。大事な商談のときは、なるべくキレイな靴下に、ピカピカの靴で向かいましょう。

商談先では、使うアイテムにも気をつけます。

バッグや名刺入れ、ペンやティッシュ、ハンカチなどの小物にも気を配るとよいでしょう。パッと出したときのティッシュがパチンコ屋の宣伝ティッシュでは、お客様にびっくりされてしまいます（ネタづくりとしてはよいかもしれませんが）。

まずはマイナスにならないような無難なラインを心がけるといいでしょう。

なお、この無難なラインは商談を担当する営業職には必須。営業マンは、とにかく多くの人に「不快感を与えない」ことが大事です。

年商アップ、2つの方法

ここからは、トップセールスや経営者としての見た目の話をしていきます。

年商をあげるには、わかりやすく言えば「たくさん売る」という方法と、「単価をあげる」という方法があります。これの掛け合わせで事業を拡大していきます。

極端な事例ではありますが、次のAとBは**どちらも年商1億円**です。どちらが簡単そうに見えますか？

（A）**100万円**の車を**100台**販売する。
（B）**250万円**の車を　**40台**販売する。

多くの人は（A）を選択しがちです。なぜなら、ターゲットに合わせて自分たちを変える必要がないからです。

中古車というのは、100万円前後が最もニーズがあります。よって、「ふつうに食べていけるレベル」で仕事をするのであれば、このゾーンのお客様をたくさん見つけて、たくさん売れば済む話です。このゾーンの商品ラインナップを増やし、広告費などを使ってお客様を呼び込み、大量に販売していくビジネスモデルは、多くの会社が選択しています。

ですので、敵となる同業他社が多く、販売台数の勝負になる（A）をあえてさけて、（B）を選ぶ選択を考えてみてもいいでしょう。ちなみに、中古車業界では200万円以上の中古車を買う人たちは、お金に余裕のある人たちです。年商をあげていくためには、こういったお客様に信頼されなければなりません。

外部へのメッセージとしての〝みだしなみ〟

ここで大切になるのが、ターゲットに合わせた「見た目」です。

参考になるのは「富裕層を相手にしている接客業」。たとえば、新車のディーラーや高級な外国車のディーラーの店員です。また、大手百貨店に入っている海外のハイパーブランドのお店も参考になります。

彼らはどんな制服で、どんな髪型で、どのように接客をしているのでしょうか。単価をあげていくには、彼らの見た目と、接客方法はとても参考になります。ぜひ訪れてみましょう（訪れるだけなら無料です）。

ついでながら、経営者の立場である人間もまた、ハッタリの利《き》く見た目は大事です。

たとえばヨレヨレのシャツやボサボサの髪型で、高年収、富裕層のお客様に信頼していただくというのは、かなり難しいもの。よっぽど特別な才能があって、愛されキャラになれるのであれば別ですが、もしそういう人がいたら、すでに別の分野で成功しているでしょう。派手にする必要はありませんが、高年収・富裕層である人たちに嫌われずに、「やるな」という印象を持ってもらえるような見た目を心がけましょう。

とくに男性経営者であれば、車と時計が有効です。しかし、時計はなかなかの値段もするので、ここはやはり「車」で勝負!

僕たち中古車屋さんであれば、高級車を安く仕入れられます。それを使って営業活動を拡大していきましょう。社用車でかまいませんし、自分が乗ることで広告宣伝効果にもつながります。その車が売れたら、また次の高級車に乗り換えられるので、そういう意味でも車屋さんはオトクにハッタリを利かせられますね。

まとめ・その㉙

靴・時計・車、あなたならどれでハッタリを利かせる?

スイッチ入れて印象づけ

笑顔スイッチで生きてきた

僕が大事にしていることは、「第一印象」。いわば「ファースト・インプレッション」です。僕が営業に興味を持ちはじめたのは、ガソリンスタンドのアルバイトがきっかけです。

前述のとおり、そのとき、「笑顔で明るく元気に話せば、相手は買ってくれるだろう!」と思い実践したところ、もののみごとに成功したのです。

その後は中古車屋さんに就職し、営業職へ。

ここでも「1日たった数時間笑顔でいればいいのだから、そのときくらいは笑顔で明るく元気に対応しよう!」と心がけたところ、好成績につながりました。

中古車屋さんの営業は、ファースト・インプレッションで商談の8割が決まるといっても過言ではありません。最初の印象が悪ければ、それでおしまい。二度とそのお客様に会えないことも多々あります。

だからこそ、「お客様とお会いしているときは全力で対応する！」というスイッチを入れたのです。

初対面・突破力

自分で言うのもなんですが、僕はそこまでポジティブでイケイケなキャラクターではありません（笑）。

落ち込むこともあれば緊張することもありますし、わりと慎重な性格です。仕事がないときは、ひとりでひたすら映画やアニメを観るか、趣味の麻雀をしています。そのときはもちろん、笑顔でもなければ元気いっぱいでもありません（笑）。

しかしおそらく、多くの人がそういうものだと思うのです。

だからこそ、スイッチをオン／オフにする方法は多くのセールスパーソンに使えるのではないかなと思います。

僕の場合、１日のなかでお客様とお会いする時間は、多くても3〜4時間。だからその時間だけでも、スイッチを入れて、笑顔で元気に対応します。

おかげさまで周囲から「笑顔がいいね」とよく言われます。「その笑顔で決めました」とも言われます。笑顔によって僕の「初対面・突破力」には磨きがかかり、紹介で来てくださったお客様は**ほぼ初回で商談が決まる**ようになりました。

嬉しすぎる、お客様からの声

なお、最近は「笑顔」だけではなく、さらにちょっとしたテクニックを使っています。

それは、**見た目と中身に「ギャップ」をつくること**です。

「一見ガラが悪そうな見た目なのに、話してみるとものすごく真面目でびっくり！」

「ガラは悪そうなのに、破顔一笑《はがんいっしょう》、笑顔がステキな人だなと思ったら、すごく知識もあって、しかも丁寧で何度も驚かされた！」

こういったコメントをもらうことも増えました。これはイメージアップの振れ幅を大きくするためにあえてやっていることです。

このエピソードは『キャラ営業の極意』（ぱる出版 2023年）という書籍でもご紹介をいただきました。

これは、元リクルートのトップセールスで、現在はイラストレーターで活躍中の坂井洋子さんのご著書。この本にもあるとおり、営業の極意は「自分のキャラを最大限に活かす」ことだと思います。

スイッチを入れたり、ファースト・インプレッションの振れ幅を大きくしたりして「初対面を突破する」というのが、僕の得意とするキャラ営業です。

みなさんのキャラはどんなものがあるか、ぜひこの本も参考にしながら探ってみてくださいね。

まとめ・その㉚

「一見、○○」「案外と○○」……「意外性」は武器になる。

自分の〈強み〉と〈弱み〉を把握し、チームを組もう

たったひとりでできる成功はたかが知れている

年商をあげて事業を拡大していくためには、いくつかのステージがあります。よく言われるのは「年商1000万円の壁」とか「年商3000万円の壁」。さらに「年商1億円の壁」という言葉もあります。

どの社長も、「**1000万円までは自分ひとりでなんとかできる**」と言います。しかし、そこから上のステージでは、自分だけではなく他人の力が必要です。

とにかく、「自分ひとりでやらない」と決めること。

大事なのは「人に頼ること」なのです。昔から、どんなゲームや漫画も、主人公ひと

りの状態で物語が完結することはありません。仲間やライバルと出会い、切磋琢磨《せっさたくま》し合いながらレベルアップしていくのがセオリーです。

ビジネスにもそれが当てはまります。

切磋琢磨し合える環境を持つためにも、自分が持っていないスキルや才能を持った仲間との出会いを大切にしましょう。

たとえば、ロールプレイングゲームでも「全員が武闘家」とか「全員が魔法使い」というパーティは組まないはず。少年漫画の主役の隣には、主役とちがう特性のクールなキャラが相棒にいます。

これは経営も同じなのです。

足りないピースはなにか

僕の場合は、「営業」が好きで得意でした。とくに「はじめまして」の初対面の現場が得意です。人づき合いもわりと好きなほうですし、いろいろなコミュニティで人と新しく出会うのも好きなほうです。

しかし一方で、いわゆる「整理整頓《せいりせいとん》」のようなものが苦手です。頭のなかにアイディアは浮かんでも、それを整理して「見える化」したり、整備してロードマップを引いたり、といったこともあまり得意ではありません。

また、じつは車体と向き合い、コツコツと整備し続けることも苦手です。やはりバックオフィスや職人タイプというよりは営業向き。なので、自分の苦手なところは外部に依頼したり、メンバーを集めたりして、仕事を進めるようになりました。すると、結果が倍以上になったのです。

最近では中古車屋さんもインターネットやＳＮＳが必要な時代となりました。しかし、僕はこれらもとっても苦手です。

よって、それが得意な人たちに依頼をしています。僕が1時間かけて作成した動画を、10分でつくってしまう人たちがいるのであれば、頼ったほうがよいのは当たり前。このようにして、全部を自分がやるのではなく、人に頼っていくこと。これがステージチェンジの際にとても大事な判断になるのです。

自分の強みと弱みを明確にして、弱い部分をどんどんほかのメンバーに依頼すれば、そのメンバーたちが輝く機会をつくることにもなります。みんなが「好き」「得意」を活かし合い、「不得意」「苦手」を助けてもらう環境をつくれば、生産性も高く笑顔が絶えない職場になります。

じつはこの方法こそ、大手の会社がやっていることです。

事務が得意な人、営業が得意な人、業務整理や改善が得意な人。こういったそれぞれの強みを活かし合って、大きな組織が成り立っているわけです。

自分の弱みや苦手なところを克服するのもいいですが、積極的に人に頼り、得意なところで勝負をしていく。これがとても大事だなと思います。

まとめ・その㉛

「頼り上手」でうまくいく。

投資のタイミングを見きわめる

大きくなるチャンスを逃さない

事業を継続し拡大していくには、多くの選択と判断が求められます。とくに大事な判断は、「投資」のタイミング。この決断が下せるか下せないかが事業の成功を左右します。

たとえば、前述のとおり、店舗や事務所を持つことです。あるいは、オリジナルの制服やシャツをつくることです。自分が苦手なことを外部に頼ったり、自社でスタッフを雇用したりするのも、すべては最初に「初期投資」という出費が発生します。また、今の事業を拡大するのはもちろんのこと、新しい事業を拡げていくにも同じように投資のタイミングを判断しなければなりません。

多くの中古車屋さんの経営者は、銀行や政策金融公庫から融資を受けて、そのお金で設備や人材へ投資をします。それなりにプレッシャーもありますし、決断する度胸も必要です。タイミングがぴったり合えば、大きな収益が得られます。しかし、誤った方向性やタイミングで投資をしてしまうと、事業の停滞や衰退につながってしまうのです。

ですが、面白いことに、これは義務教育でも習いませんし、会社員でも体験させてもらえません。起業・開業した人たちだけが知ることなので、多くの人がこの投資のタイミングがわからず、チャンスを逃してしまったりするのです。

危機回避の教え――おかげで大きな失敗はしなかった

僕ももちろん、何度も失敗を重ねました。投資をしたものの、実にならずに終わったものもありますし、思うような効果が得られなかったものも多々あります。しかし、大きく失敗しなかったのは、やはり師匠や先輩方の話をしっかりと聞いて参考にしたからだと思います。

経営の先輩たちの話は、すでに通ってきた道を話してくれるので、とてもリアルな学びがあります。

年商1000万円になるための投資や考え方と、年商4000万円~5000万円の時点でのそれはまるでちがいます。

どのタイミングで店舗を増やすべきなのか?

人材を増やすべきなのか?

こういった経営判断は、すでにそれを経験してきた人たちに聞くのがいちばんです。

自分ひとりで進めていくのもいいですが、すでに答えを持った人たちがたくさんいます。こうしたメンターや、諸先輩方の話を聞くことで、危機回避ができるのです。

そして、人脈づくりも、大切な先行投資になります。

投資するものは、お金と時間。たとえば値段の高いセミナーに行けば、「その金額をセミナーに払える人たち」と出会えます。1万円のセミナーと、100万円のセミナーでは、出会う人が変わるのは、想像に難《かた》くないですよね。

もちろん人脈というものは、短期的なリターンを期待するものではありません。

ですが、長い人生を考えると、たまたまの出会いでその後の人生が大きく変わることもあります。ぜひ積極的にセミナーや勉強会にも出かけてみてくださいね。

また、経営者の集まるネットワークに投資するのもよいでしょう。

さまざまな経営者と出会うことで、「自分の目指したい方向」が明確になりますし、理想の人たちと付き合うことで自分の環境を強制的に変化させることも可能です。

投資は複利効果で還ってくる

自己投資を重ね、みずから学び続け、先行投資のタイミングを読み、経営という重圧に耐えている者どうしにできる「絆《きずな》」は、会社員とは比較にならないほど強くなります。

僕はもともと会社員だったのでよくわかるのですが、やはり会社員と経営者では必要なメンタリティやマインドがちがいます。こうした先輩方とお会いして、話を聞くだけでも勉強になりますし、自分も頑張ろうと思えます。モチベーションにもつながるのです。

そして、その方々がいずれお客様になる可能性もあるのが、中古車屋さんビジネスの嬉しいところです。

投資は複利の効果で、長期的に見れば倍以上になって自分に還ってきます。

慣れていないとドキドキしますし、懐《ふところ》も痛むので躊躇《ちゅうちょ》しがちです。

しかし将来どこかで、「投資してよかった」と必ず思えるようになります。
リスクをとれば、それだけリターンがあるのです。
これが経営の面白いところです。

まとめ・その㉜

リスクをとる経営の面白さに目覚めよう。

トータルサポートで事業を拡大

いかに大台突破したか

僕が年商1億円を突破した大きな理由は、複数の事業から売上があがるような仕組みをつくったことにあります。

最初は車の売買からスタートしたわけですが、そこから車検や修理対応、メンテナンス、トラブル対応やレンタカー、保険の代理店登録など、車に関することならすべて対応できるようにサービスを拡げていきました。車のはじまりからおわりまで、トータルサポートをすると決めたのです。

車屋さんは分業体制が確立している業界です。よって、意外にトータルサポートをしている会社は少なく、「販売とアフターメンテナンスのみ」とか、「車検・修理・故障のみ」など、部分に特化したビジネスをしている企業も数多くあります。

たしかにこういったビジネスモデルのほうが、投資する金額も少ないので、失敗する確率も減ります。家族経営であれば充分に食べていけますし、お客様の数が増えれば、安定した基盤をつくることができるでしょう。

しかし、お客様のニーズはちがいます。お客様の多くは、僕たちを「車のプロ」と見ていて、「車のプロだから、なんでも知っているだろう」と認識しています。

そして、ひとたび信頼関係が芽生えたあとは、「それぞれのお店に行くのは面倒だから全部あなたにお任せしたい」と思っているのです。

ほかの例で言うなら、生命保険や医療保険の営業マンも同じです。家族がそれぞれに担当がバラバラな保険を選んでいては面倒です。一家全員を同じ担当者が担当してくれて、ライフスタイルやライフステージが変わったときには、そのつど最適な保障を提案してくれたら、いざというときにも安心ですね。

車も同じで、そのご家族のライフスタイルにとって最適な車を提案し、故障やメンテナンス、車検、タイヤ交換、車の保険、万が一の事故なども全部僕たちが対応できれば、お客様は深い信頼と大きな安心をいだいてくれるのです。

いつのまにか成長していた

正直、僕は最初から「車のトータルサポートをしよう！」と思っていたわけではなく、お客様からのニーズに応えていたら、いつのまにか「車のトータルサポート」になっており、事業を複数持つことになりました。

事業を拡げるときは、それなりにプレッシャーもありますし、不安もあります。しかし、それを決めることができたのは、お客様からの生の声のおかげです。

そして、拡げた事業をどれも中途半端にせず、納得のいくまでブラッシュアップすることを心がけてきました。

そのひとつに「車体をピカピカにしてお返しすること」があります。

たとえば僕たちは、納車時だけでなく故障や整備の際も、車内をしっかりと清掃し、車体を磨きあげてからご返却することをモットーとしています。

こうした細部へのこだわりは、仕事の姿勢、ひいてはメンバー全員の姿勢にもつながります。こうしたちょっとしたサービスでも充分に差別化できますし、「キレイにしてくれてありがとう！　感動しました！」

「掃除をしなくてはと思っていたけど助かった！」

など嬉しいお言葉と信頼をいただけます。


中古車屋さんは、正直なところ「誰から買っても同じ商品」です。

多少値段は変わるかもしれませんが、「誰もが販売できる商品」です。

だからこそ中古車せどりをオススメしてきたわけですが、年商をあげていくには「商品で勝負するのではなく、サービスで勝負する」のがとにかく大事。


「車のことなら、なんでも彼らに相談すればやってくれる」

「またアイツに頼もう」

「頼りになる！」


このように、僕たち中古車屋さんは「なにかあったら連絡がもらえる存在」「思い出してもらえる存在」になることが大事です。

そして、「感動レベル」のサービスを提供し続けること。これによって、リピーターが増え、経営は盤石《ばんじゃく》になっていきます。僕も初心にもどって、お客様のニーズにこれからも感動レベルで応えていきたいと思います。

ここまで読んでくださったみなさん、本当にありがとうございます。本書はいかがでしたでしょうか。僕の遠回りした経験をシェアすることはなかなか恥ずかしいものでしたが、少しでもみなさんのお役に立てたのなら嬉しいです。

そして、「中古車せどりビジネスをはじめたい！」という方。第一歩を踏み出すきっかけになれたら嬉しいです。いっしょに楽しんでまいりましょう。

まとめ・その㉝

感動がファンを生む。

◉おわりに…………副業ポケットのひとつとしての「中古車せどり」

本書では「中古車せどり」という副業をオススメしてきました。しかし正直なところ、この本を読んですぐに着手できる人はほとんどいないのではないか、と思っています。

なぜなら多くの人は、新しいことに挑戦するのが苦手な生き物だから。

僕自身も同じです（最近は仕事のために、苦手なＳＮＳに四苦八苦しています）。それでも、なぜこの本を書いたのかといえば、やろうと思えば本当に誰にでもできる商売だからです。

特別な資格はいりません。勉強が必要な国家資格や学歴もいりません。準備するのは、警察への古物商の届出と、駐車場と仕入れの元手資金。

そして、日本人が「1.6人に1台」所有している計算になるほどニーズのある商品です。

特別な営業力がなくても大丈夫。車のメカニックな部分が苦手な人も、そこは外注すればOKなのです。

しかし、多くの人がこの世界に足を踏み入れようとはしません。

それは、「面倒で難しそうに見えるから」。

でも、だからこそ、ビジネスチャンスなのであって、その「中古車せどり」を多くの人に知ってもらいたくて、この本を書きました。

今の日本は終身雇用制度が崩壊し、〝老後2000万円問題〟もまことしやかに叫ばれています。社会保険料や税金の負担は年々増え、会社員の手取りも減っています。そんななかで、もしみなさんの年収が10万円増えたら、どんな気分でしょうか。

おもちゃや本などのせどりとはちがって単価の高い「中古車せどり」なら、1年間で1台売るだけで、そのくらいの利益は確保できます。年間10台ほど取引できれば、年収はざっくり100万円プラスになります。

そして、この「中古車せどり」が軌道に乗れば、本業の年収を超えることも可能になります。トヨタやマツダ、日産、ダイハツ、スズキ……。**僕たちは無名でも、僕たちが扱う商品は、日本の誰もが知る商品**です。

副業であれば、自分を実際以上にブランディングする必要もなければ、顔出ししてインフルエンサーになる必要もないのです。

アメリカではリーマンショック後、「セブンポケット」という言葉が使われるようになりました。

これは「7つのポケット（収入源）を持とう！」という意味です。

会社員であれば、1社からお金をもらうというのが当たり前だと思います。

しかし、終身雇用制度が崩壊している今、7つの収入源があれば、ひとつがダメになっても安心です。

その7つのポケットのうちのひとつに、「中古車せどり」を加えてほしい。
そんな思いから本書を書きました。
読んでくださったみなさんのヒントになれば嬉しいです。

⇒102ページでお伝えしたフローチャートはこちらから。ＱＲコードから公式ＬＩＮＥにアクセスしていただき、そこでダウンロードしてご利用ください。

保原 怜史（ほばら・さとし）

■あなたの車のトータルサポート 株式会社Bull 代表取締役
■メロンパン専門キッチンカー MELONLAB. 新所沢 代表
■JAFIA（一般社団法人 日本自動車公正検査協会）認定 自動車査定講師 資格取得者

■1985年、埼玉県大宮市（現さいたま市）生まれ。
■電気設備会社を経営する父と、パン屋を開業した母親という「起業家」家庭で育つ。
■大学時代のガソリンスタンドのアルバイトで、給油に来たお客さんに追加サービスやキャンペーンを提案し、店舗の売上に貢献、車と営業の面白さを覚える。

■大学卒業後、全国で買い取り販売を展開する株式会社カーチスに就職し、自動車買い取りの営業マンとして社会人をスタート。営業担当として約6年経験、その間に「月間買い取り台数 全国トップ」を獲得、コンスタントに成績上位の実績を残す。その実績を評価され、埼玉県の旗艦店のマネジメントを任され、店長として5年間店舗運営にあたる。

■営業成績は良く車買い取りの仕事は好きだったものの、毎月の店舗ノルマ達成のため、利益主義の会社方針とブラックめな企業体質に疑問をいだくようになる。
■もっとクリアな取引と大手にはできない安価で親身なサービスを提供していきたいとの思いから、2020年に顧客の車の「はじめまして」から「さようなら」まで車の生涯をトータルサポートする車屋さんとして、株式会社Bullを創業。在庫をかかえないことで、お客様の欲しい車をゼロから提案・提供する営業スタイルを確立。仕入れ、整備、仕上げ、納車までの購入サポートはもちろん、車検や買い替えなどアフターサービスまで対応。万が一のトラブルにはレッカー車で現場に急行し、自社レンタカーを手配し、お客様がいつもどおり生活できるようつとめるなど、手厚いサポートで顧客の支持を集める。

■異業種交流会を通じた紹介マーケティングで着実に新規顧客を増やし、同業他社とは一線を画す新たな試みでビジネスを拡大。従業員5名の小規模事業ながら創業3年で年商1億円を突破。
■家族・従業員が安心して暮らしていける安定した会社にすべく、日々奮闘している。
■趣味はゴルフと麻雀。ドライバーを300ヤード飛ばすことがスコアより目標。

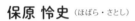

副業 中古車売買で年収プラス100万円!

2024年9月18日　　第1刷発行

著　　者 ―― 保原 怜史
発 行 者 ―― 徳留 慶太郎
発 行 所 ―― 株式会社すばる舎
〒170-0013　東京都豊島区東池袋3-9-7 東池袋織本ビル
TEL　03-3981-8651（代表）　03-3981-0767（営業部直通）
FAX　03-3981-8638
URL　https://www.subarusya.jp/
装　　丁 ―― 菊池 祐（株式会社ライラック）
企画協力 ―― 松尾 昭仁（ネクストサービス株式会社）
編集担当 ―― 菅沼 真弘（すばる舎）
図版作成 ―― 李 佳珍（すばる舎）
DTP・校正 ― 稲葉 健（すばる舎）
印　　刷 ―― 株式会社光邦

落丁・乱丁本はお取り替えいたします

ISBN978-4-7991-1263-2

すばる舎 好評既刊

ISBN978-4-7991-1184-0

ず〜っと
つながる
紹介営業

「日々のノルマをこなすのに必死」
「人とのコミュニケーションが苦手」
「正直、営業の仕事が好きじゃない」
……そんなあなたにオススメする、
「チーム営業」の
実践ノウハウを
余すところなくお伝えする1冊。

ず∞っと
つながる
紹介営業

上賀 貴一
101会員(2022年)
総合ライフ販売協会
コンサルティング株式会社 代表

今度、どなたか紹介してください
100年経ってもだけでは
成約ゼロです！
全国の保険営業の上位0.01%に入ったトップセールスが教える
マネするだけで、自分で売らなくても
顧客が増える仕組みづくり全部

全国128万人の保険セールスマンの上位100人（約0.01%）しか資格を得られない
TOT会員（2022年）にもなった著者は、じつは口下手のコミュ障で、営業の仕事も
まったく向いておらず、当初は半年売上ゼロの実績を叩き出したことも……。
しかし、自分で自分の商品を売り込まず、チームの別メンバーや既存顧客に
「代わりに売ってもらう」仕組みをつくることで、
成果報酬で6000万円超の年収を得ることにみごと成功！
相手に与える印象をコントロールし、紹介のスパイラルをつくり出し、
ノルマ未達とは縁遠い営業人生をぜひあなたも！

【目次より】
　はじめに　売り込まなくても結果が出続ける「仕組み」をつくろう！
　第1章　「紹介ガラポン」と3つの前提
　第2章　紹介ガラポンはチームで回す！
　第3章　「印象コントロール」で紹介確率や成約率を高める
　第4章　印象コントロールの「鉄板ワザ」6選
　第5章　そしてあなたのチームは回り始める